ぼく、
ナ…ずる。

…猫と
…け」な毎日
人間《なかま》た…

二見書房

まえがき

猫の保護活動を始めて17年めの今年、「ニャン友ねっとわーく北海道」と看板猫「すばる」の本が出ることになりました。
公式ブログやSNSでは、レスキューをはじめとする日々のできごと、譲渡会などの報告をしていますが、1冊の本にまとめることで、ニャン友の活動の全体像をよりわかりやすくお伝えできるのではないかと思います。

厳しい環境にいる猫たちが保護され、譲渡されて幸せになるまでのプロセスは、実にたくさんの人々に支えられていること。その一人ひとりの気持ちが、保護猫たちの助けになっていること。それをお伝えできるのが本当にうれしいです。

大人にも子どもにも、ニャン友などの動物保護団体でボランティアをしている・または「これからしようかな?」と思っている人にも、読んでいただけたら幸いです。
そして幼くして過酷な経験をした「すばる」という1匹の保護猫を通して、ニャン友という団体や保護活動の現実に興味を持っていただけたら……と思います。

いつも当たり前のように事務局にいるすばる。

でもそれは「当たり前」ではなく「奇跡の連続」だったんだと、いま改めて思います。

決してすばるの命をあきらめなかったたくさんの人たち、そして何よりすばるの「生きる力」に支えてもらいました。


何年経ってもシャイなすばる。

毎日会っているのに、その日の最初はいつも、ちょこっと逃げるすばる。

病気の猫（ココちゃん）を夜中も看病するために、私が事務局に数日泊まり込んでいたときは、すばるが事務局に敷いた私のお布団にもぐり込んできました。

いつもしっかり者のすばるですが、あのときは本当にかわいかった。

生き延びてくれて、いつもニャン友にいてくれて、ありがとう。


すばるは私たちにとって特別な子です。

でも本当は、どの子も、どんな〝いのち〟も「特別」です。

生まれてきたからには、特別でない〝いのち〟なんて、１匹も（１人も）いないのです。


この本を手に取ってくれる方が、１人でも多く、そのことに気付いてくれますように。

NPO法人ニャン友ねっとわーく北海道
代表　勝田珠美

目次

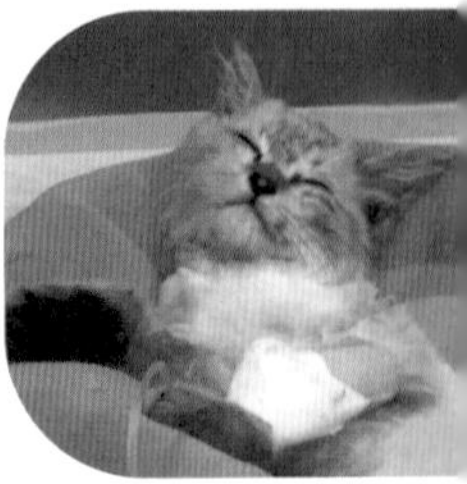

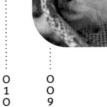

2章
「ニャン友ねっとわーく北海道」の24時間

本書に記載のデータは、2023年5月現在のものです。詳細な情報は、公式HPなどでご確認ください(p.128)。

3章 いのちを救うレスキュー

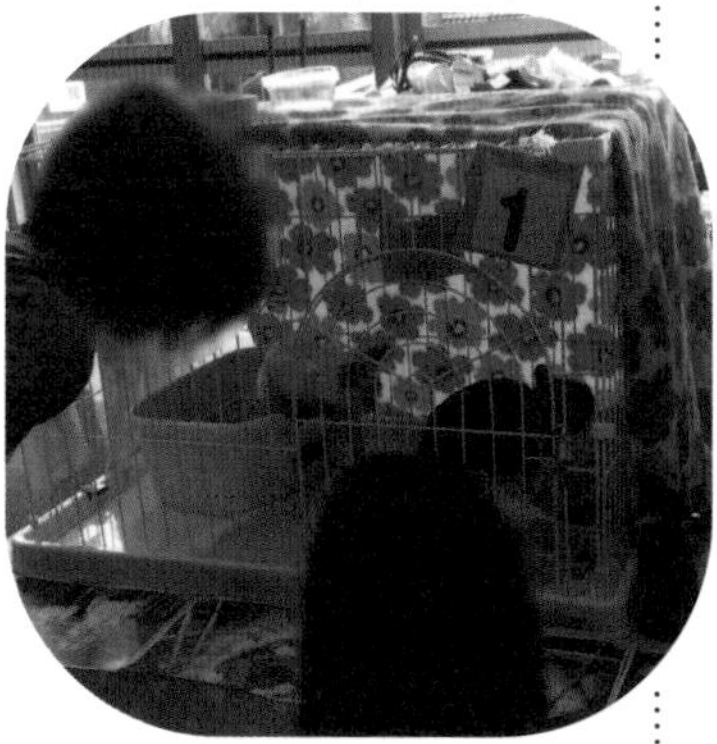

5章 同じ生き物として、ともに生きていく

1章

ぼくが「すばる」になった日

2018年
9月8日
@札幌市・ススキノ

車のエンジンルームに入り込んだ子猫を救出するため部品を分解したが、どうしても脚が外れない。獣医さんに様子を確認してもらう

2

018年9月6日、北海道で胆振《いぶり》東部地震が発生した夜のことでした。

強い揺れの影響で北海道全体の送電がストップし、いつもネオンがまばゆい札幌の繁華街・ススキノも、ブラックアウト（全域停電）で真っ暗に。

その夜、親猫とはぐれた1匹の子猫が、ぬくもりを求めて、空き地に停車された車のエンジンルームに入り込んでしまいました。

8日の朝。地震で散らかってしまったニャン友ねっとわーく北海道の事務局とシェルターを片付けたスタッフたちは、胆振東部で被災した人たちの飼い猫・飼い犬のレスキューに向かうため、支援物資を車に積み込む作業をしていました。

そんなとき、1本の電話が入りました。

「あの〜、車の下から、子猫の鳴き叫ぶ声がずっと聞こえていて……」。

現場に駆けつけたスタッフたちが車の下からのぞいてみると、小さな子猫が車

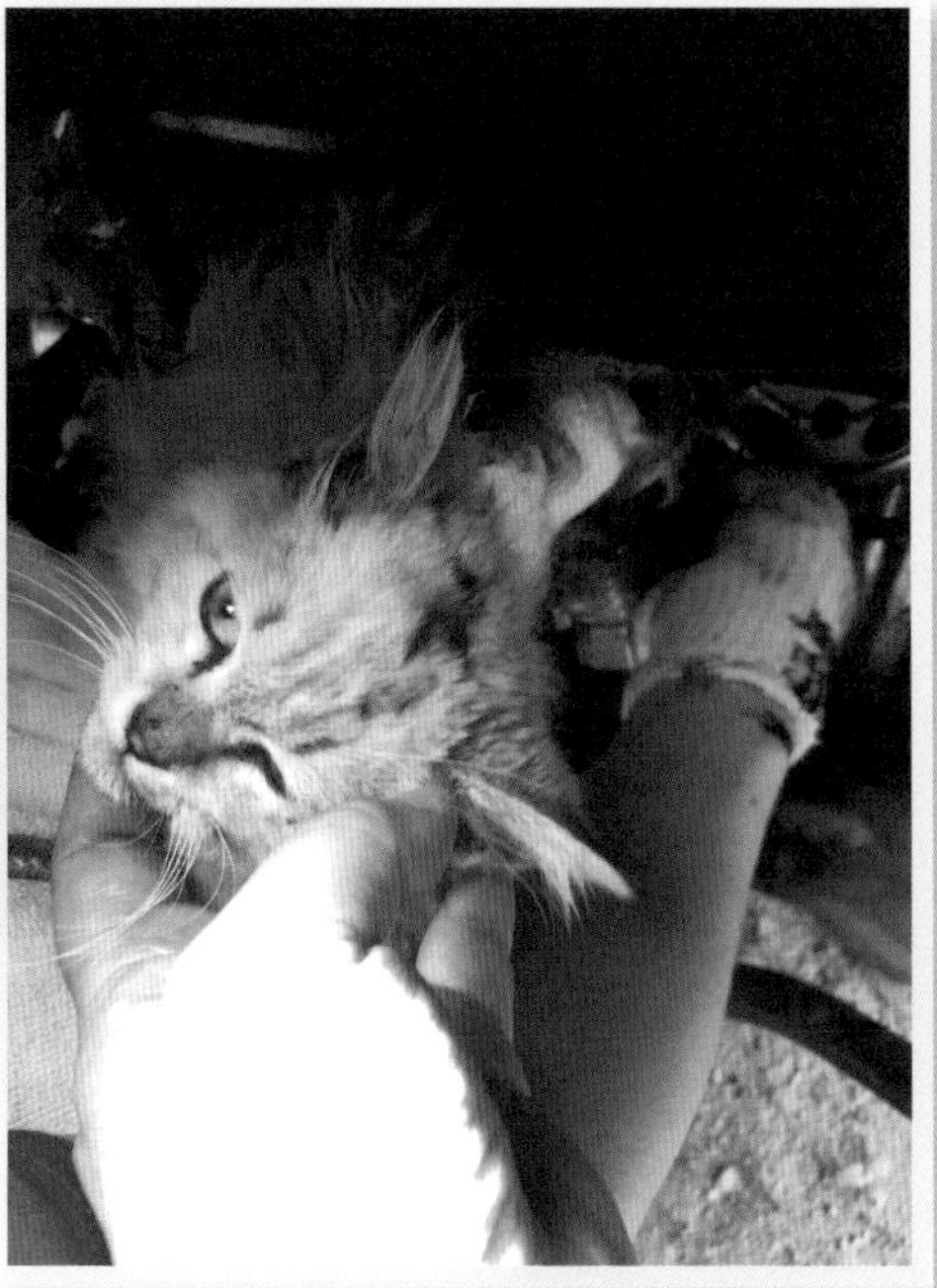

現場で脚の切断手術をして、やっと子猫を救出。子猫の体を支える獣医さんの手にも血が

のエンジンの辺りから、逆さまにぶら下がっていました。

近くの自動車修理工場の方に来てもらい、車の持ち主の了解を得てエンジン周辺の部品を外していったところ、最悪の事態になっていることがわかりました。子猫の両脚、いえ、下半身全体が、エンジンルームのクランクプーリー（滑車）に巻き込まれていたのです。

ニャン友の代表はすぐに、事務局の入っているビルの1階にある動物病院に駆け込んで、獣医の森先生に助けを求めました。

「子猫が車のエンジンに巻き込まれて、下半身全体が絡まってしまっているんです。車の整備士さんができる限り車を分解してくれましたが、これ以上どうやっても脚が抜けなくて……。先生、子猫を助けてもらえませんか」。

森先生は快諾してくれましたが、真剣な表情でニャン友代表に尋ねました。「できる限りやってみます。でも、救出のためには子猫に大変なダメージを負わ

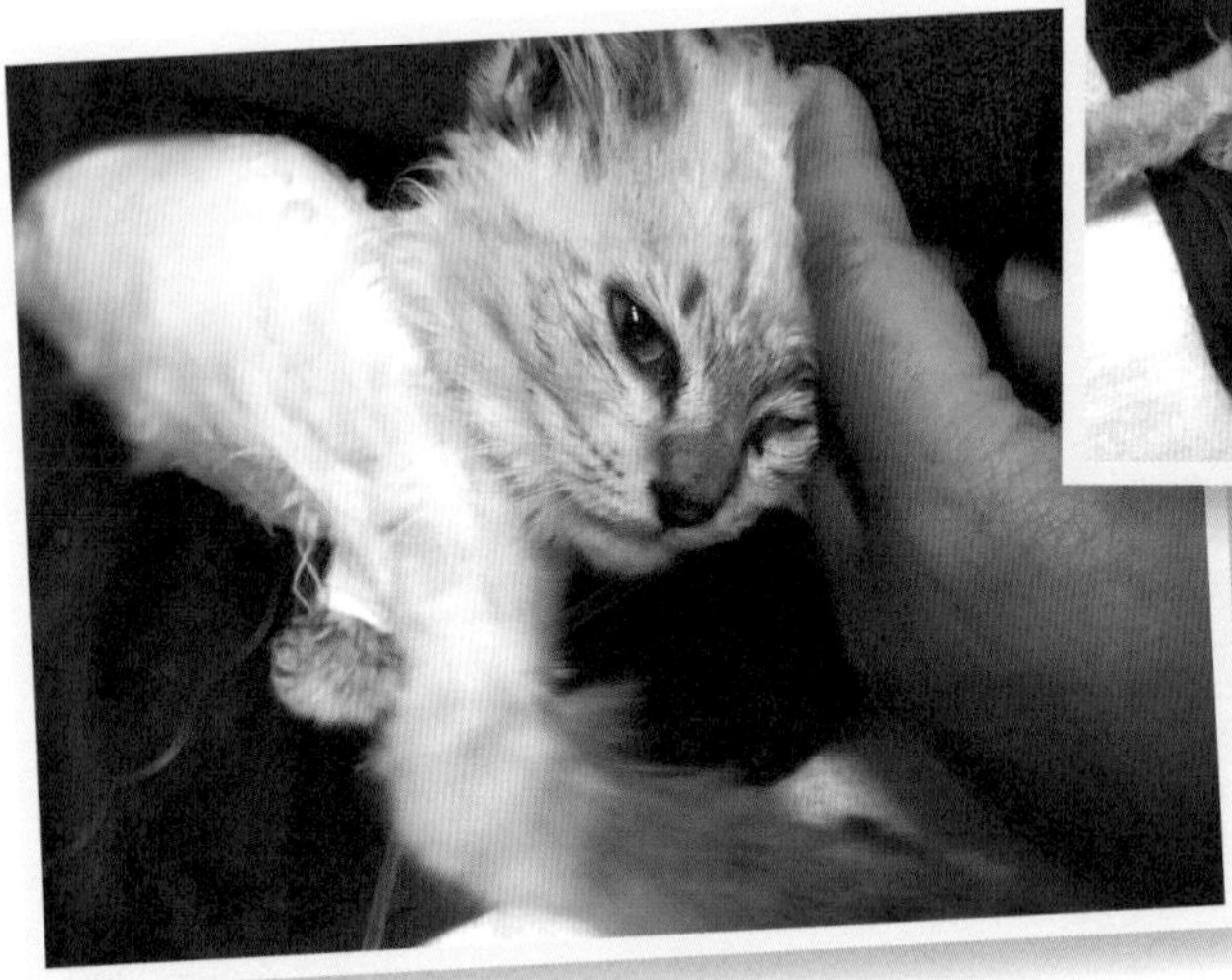

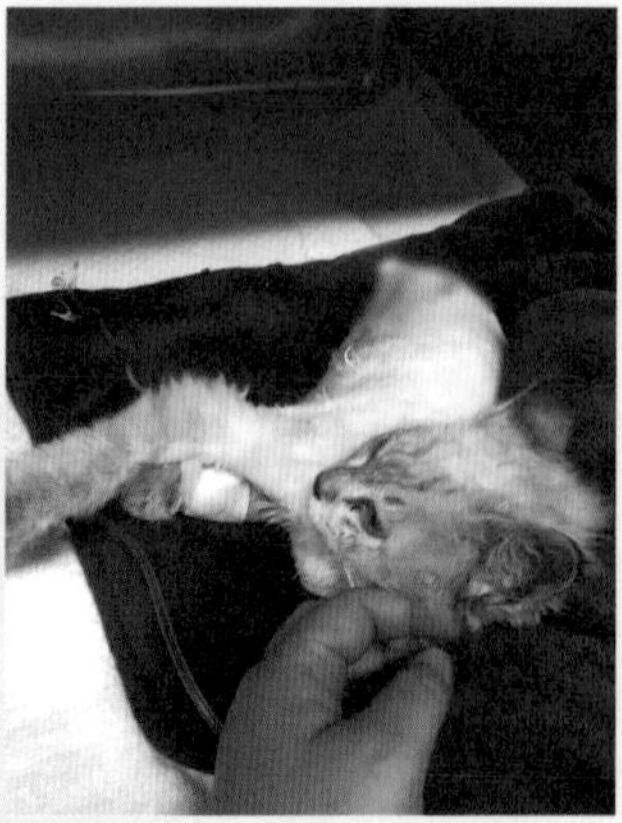

搬送された動物病院で
頭と腕先以外の毛をそ
られ縫合手術を受けた

せることになってしまうかもしれない……。その場合はどうしますか」。

「いのちが助かるなら、どんなに大変なことになっても助けたい。助けられないと先生が判断した場合は、なるべく苦しまないようにしてあげてください」。

森先生はうなずき、一緒に現場へと急行してくれました。

現場で詳しく調べてもらったところ、子猫の両脚はクランクプーリーに巻き込まれて完全につぶれ、ちぎれそうになっていました。そして複雑骨折した脚が部品の奥まで絡まってしまい、脚を抜くことが困難だとわかりました。それでも子猫は必死に生きようとして、鳴き叫んでいます。

ニャン友代表と森先生は、子猫を救出するために、「両脚を切断し、エンジンから取り出す」ことを決断しました。

その場で子猫は全身麻酔の注射を打たれ、両脚を切断されました。そして直ちに動物病院に運ばれ、長時間の緊急手術に耐え抜いたのです。

いつのまにか、ママ猫とはぐれてしまったぼく。
真っ暗い街にひとりぼっちで
寒かったから、停まっていたクルマの、
あったかいすき間に入り込んで眠ってしまった……。

だけどいつの間にか、クルマのすき間に足がはさまって
出られなくなってた。足が痛くて、苦しくて……。

そんなとき、あったかくてやわらかいニンゲンの手が、
そっとぼくにふれた……。

次に気付いたときには、ぼくは「病院」にいたんだ。

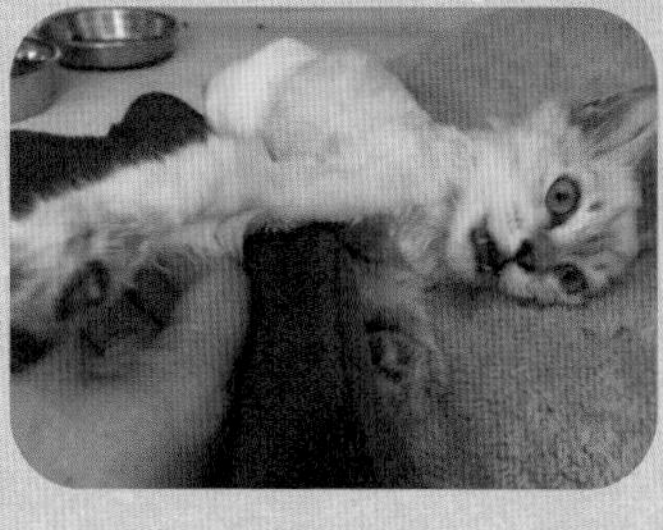

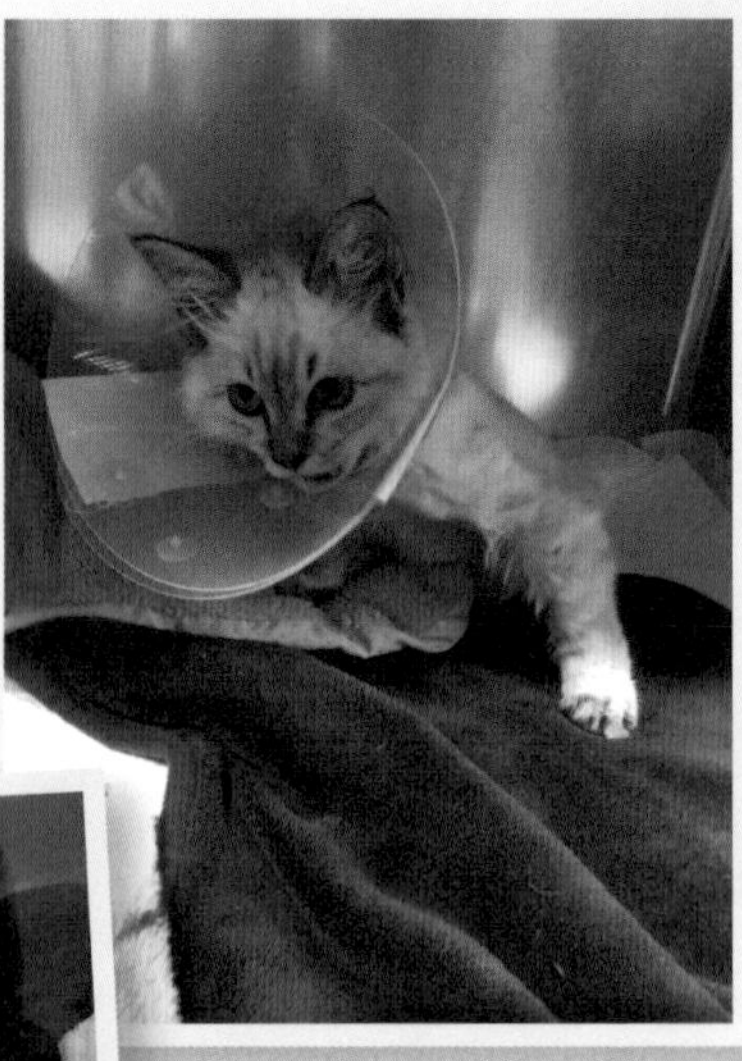

傷口をなめないようにエリザベスカラーをつけられても、目には生きる強い意志が

16

時間も車のエンジンにはさまれていた子猫は、両脚切断後に救出され、動物病院で5時間以上の大手術を受けました。そしてそのまま入院。衰弱していましたが、翌日、自力でごはんを食べることができました。

子猫は「すばる」と名付けられました。

野良猫は幼くても人間を警戒・威嚇するものですが、面会に行ったニャン友のメンバーが、ケージに手を入れてなでてみると、嫌がらなかったどころか「もっとなでろ」というように、自分から頭を押し付けてきました。そして「すばる～」「がんばれよー、がんばって幸せになろうねー」と声をかけると、意外なくらいしっかりと、大きな声で「ウニャーン!」とお返事してくれました。

お尻の下で両脚を切断されて縫い合わされた（しかも手術のために、頭と腕以外の毛を全部そられた）子猫すばる。そ

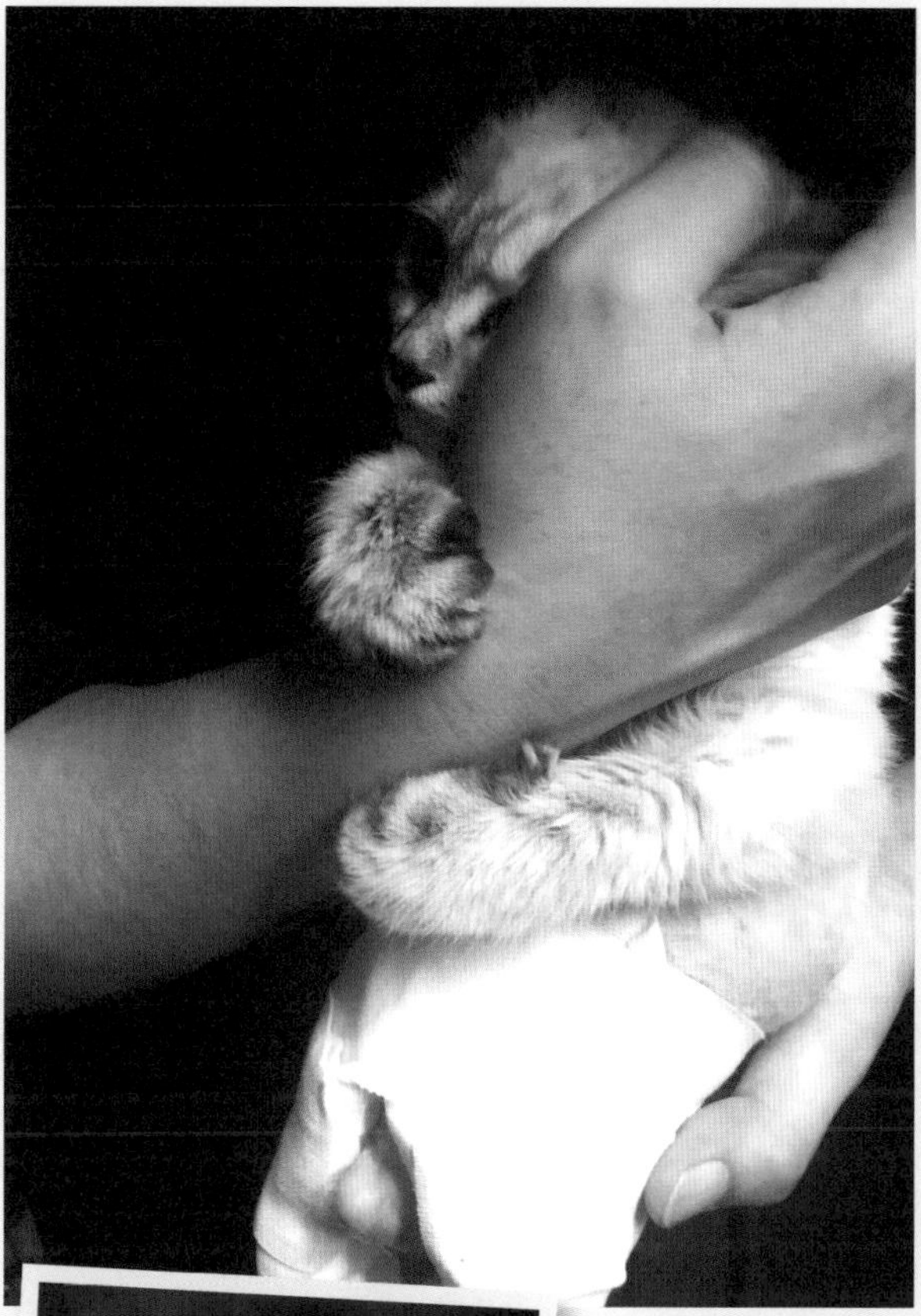

抱っこの手にしがみつくすばる。消化しやすいフードを、いっぱい食べてエネルギーに

の姿は、まるで人魚か「クリオネ」のよう……。

クリオネは「流氷の天使」と呼ばれていますが、すばるはこのときから「ニャン友の天使」のような存在、そして希望の子になりました。

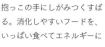

ぼくは病院で、ふかふかしたものの上にずっと寝てた。
いろいろなニンゲンがやってきて、ぼくにお水やごはんをくれた。
ぼくのおなかから下は、柔らかい布でぐるぐる巻かれていて、
しっぽも見えない。
足もあんなに痛かったのに、いまは何も感じないんだ。

「すばる～、がんばって。すばる～」。

ニンゲンたちが、がんばれ、がんばれってぼくに言ってる。

でも「すばる」……って？　それがぼくの名前なの？
できるだけ大きな声でお返事してみた。

「ニャオー！」。

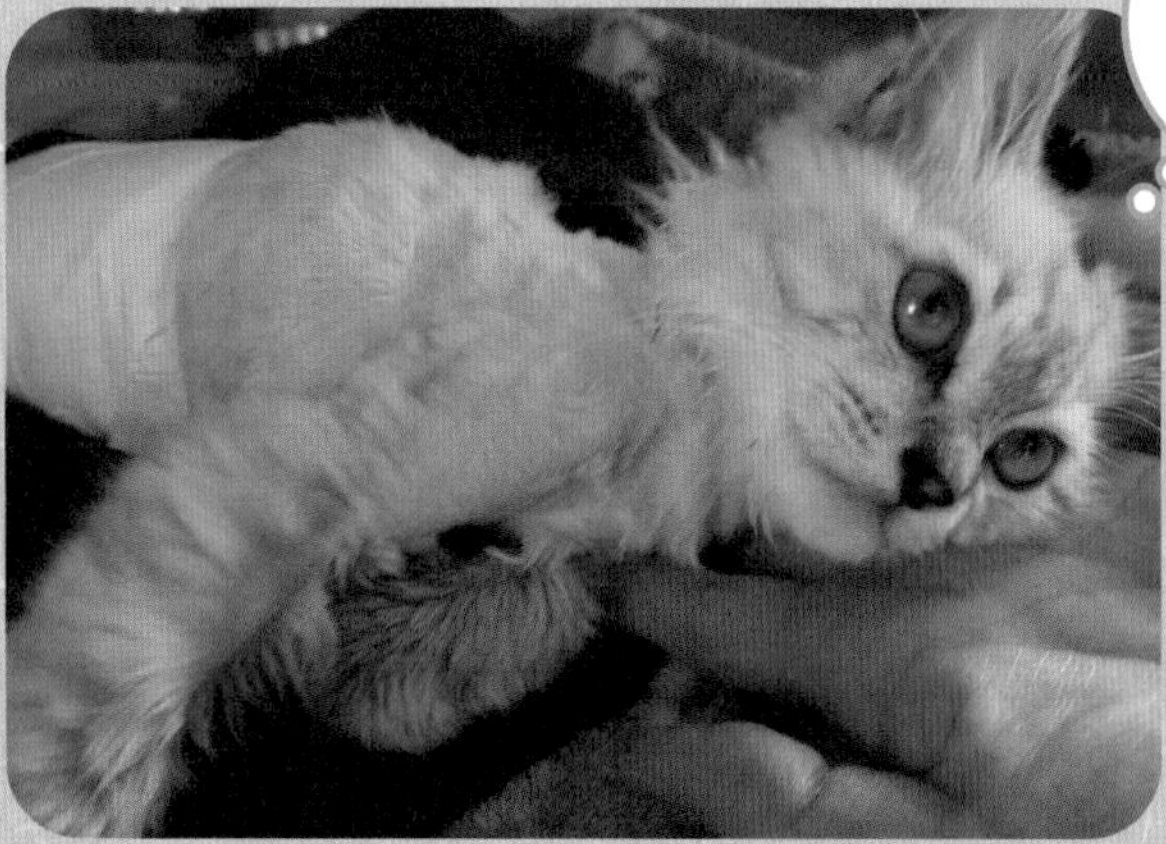

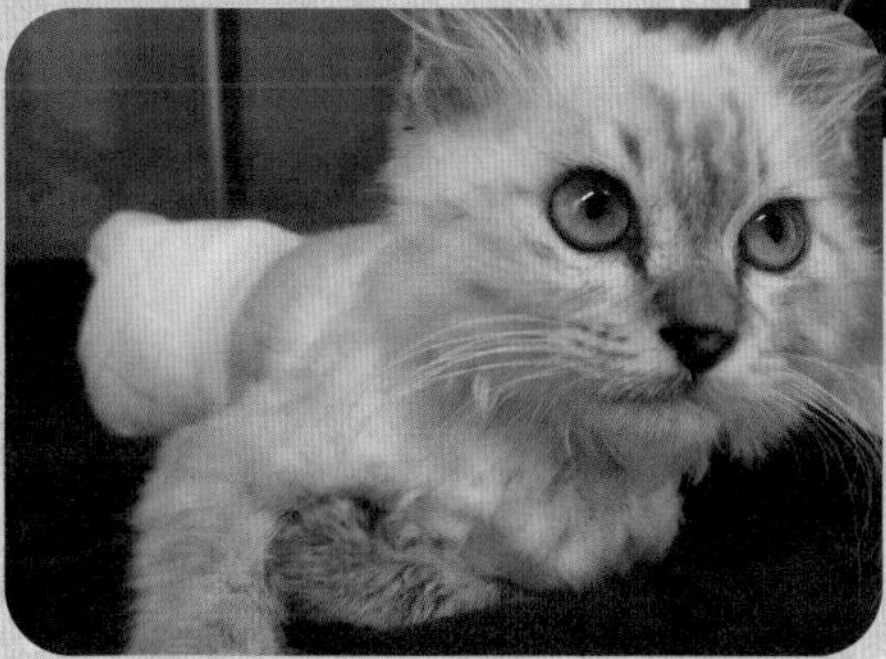

ぼくが大きな声で鳴くと、みんながほめてくれた。

うれしくなって、何度も言ってみた。

「ニャーオー、ニャーオー。ぼく、すばるだよ」。

9月24日
@動物病院

毎日、お尻の壊死した部分を
削ぎ落とされる治療を受け、
痛みで「激オコ」のイカ耳に

瀕死のすばるは手術で一命を取りとめ、少しずつですが着実に回復していきました。人間にも慣れて、手術の5日後には病院のスタッフやニャン友メンバーに甘えて手からごはんを食べ、9日後には前脚だけで人間に近寄ってくるようになりました。ごはんを食べられるようになったので、10日後には点滴の管も取れました。しかしここからが本当に大変でした。

すばるはエンジンに巻き込まれていた間、下半身の血流が長時間滞っていたため、お尻の皮膚が壊死《えし》して、どんどんはがれ落ちていきました。

「これ以上壊死が進むと、内臓もダメになってしまうかも」と森先生に告げられたとき、私たちは「すばるは強い子、大事故を生き延びた奇跡の子」と、すばるの生きる力を信じるしかありませんでした。

壊死していくお尻の組織をそぎ落とされ、膿《うみ》が出ている部分を消毒される治療が、来る日も来る日もつづきます。その治療には強い痛みがあったはずですが、怒りのイカ耳で「ニャオー、ニャオー」と文

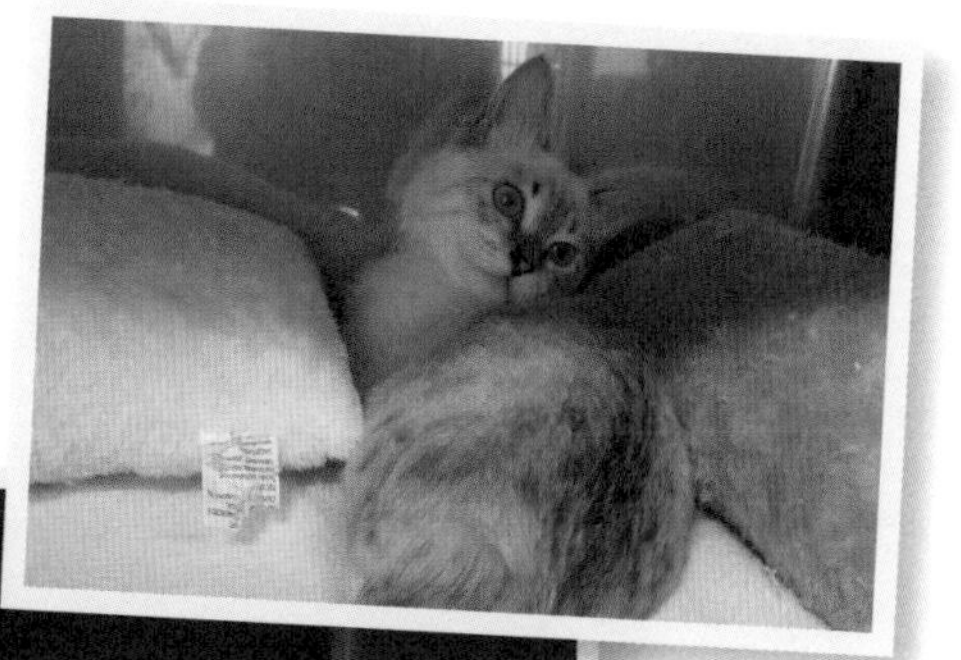

句を言いながらも、すばるは耐え抜きました。やがて壊死した部分から、新しい肉と皮膚がどんどん再生しました。お尻回り全部の組織がはがれ落ちましたが、その後は毛並みもきれいに生えそろいました。

森先生や看護師さんたちは、すばるが感染症にならないよう、痛みを乗り越えられるようにケアを尽くしてくれます。ニャン友メンバーも毎日お見舞いに行くたびに、すばるに話しかけて励ましました（森先生からは「なでてもいいよ」とお許しはありましたが、感染症が怖いので、なでるのはしばらくガマンしてもらいました）。

「がんばれ〜、すばる。がんばってるね〜、すばる」。お見舞いや励ましといっても、生きようと懸命にがんばっているすばるに会って、勇気と希望をもらっていたのは、メンバーのほうだったかもしれません。ハードなレスキュー（胆振東部地震の被災地へのレスキューなど）に向かう前に、「すばるパワー」をもらいたくて、動物病院に立ち寄ることもありました。すばるの強い生命力に、ただ感動の毎日でした。

ニャン友オリジナルの
布製エリザベスカラー
を装着したすばる。ど
の柄も似合うと評判に

ぼくにもちょっとずつわかってきた。

病院は病気の子や、ぼくみたいにケガをした子が来る場所みたい。
ぼくの体を毎日診てくれるのは森センセイ。
この人が、ぼくをクルマから助け出してくれたんだって。
そして、ぼくの両足は、どこかにいっちゃった……。
何度見ても足はない。すごく変な感じ。

縫われたところが気になってなめていると、
首にお花みたいな輪っかをはめられちゃった。

「ごめんね。君の命を救うには、君の足をあきらめるしかなかったんだ。
なめると傷口が開いちゃうから、カラーを付けておこうね」。

森センセイはそう謝ってくれた。

ぼくはセンセイの手をペロッとなめてあげた。

10月×日
@動物病院

病院での生活も長くなり、しだいに慣れてきた様子のすばる。

隣の部屋の犬が吠《ほ》えたり、他の猫が診察のために先生や看護師さんに抱かれて出て行ったりすると、「どうしたの？　大丈夫？」というように身を乗り出して見ています。どこかみんなの先輩のようなすばるが、ほほ笑ましくて笑ってしまいました。

すばるの体はその後、めきめきと大きくなり、体重も１キロに増量！

体に肉が付いてきたおかげでお座りができるようになり、ごはんも座って食べています。腕にも少し筋肉が付いてきたようで、両腕を使って歩く姿にふらつきがなくなってきました。骨盤を左右に揺らして上手にバランスを取り、お尻で支えながら、院内をお散歩しています。

すぐおなかがゆるくなってしまう、緊張すると頭や眼球が揺れてしまうな

10月なのでハロウィンのカボチャ人形と。最初はビビったものの、楽しんでくれた様子

ど、まだまだ心配なことはありますが、すばるは元気そうです。ウンチも自力でできるようになってきました。踏ん張るコツを覚えたのでしょうか。

消毒の時間は看護師さんに抱っこされながら、相変わらずビャービャーと大きな鳴き声で文句を言っていますが、お見舞いに来たスタッフのひざに乗ると、ゴロゴロのどを鳴らして気持ちが良さそう。

体力がついてきたので、近いうちにワクチン注射を打てそうです。そうすれば長かった入院生活を卒業して、みんなが待っているニャン友で一緒に暮らせるようになります。

すばる、注射のチックン、ガマンできるかなあ……。「ビビりのすばる」だけど、ワクチン注射がんばろうね。

「すばる、この間はワクチン注射をガマンできてえらかったね。
病院生活もいよいよ今夜で終わりだって！
明日は退院だよ」。

えっ!?
タイインって？

隣のケージにいた子も、ここから出てそのまま帰ってこないのは、
そういうことなのかな？

でも、すばるのおうちはここじゃないの？
すばる、またひとりぼっち？

病室前の面会コーナーで、毎日の抱っこタイム。スタッフのひざに乗ってご機嫌なすばる

「元気になった子は、みんな病院を卒業するんだよ。みんな待ってるよ。すばるのずっとのお家は、ニャン友だよ」

……ニャントモって、にゃんだ？

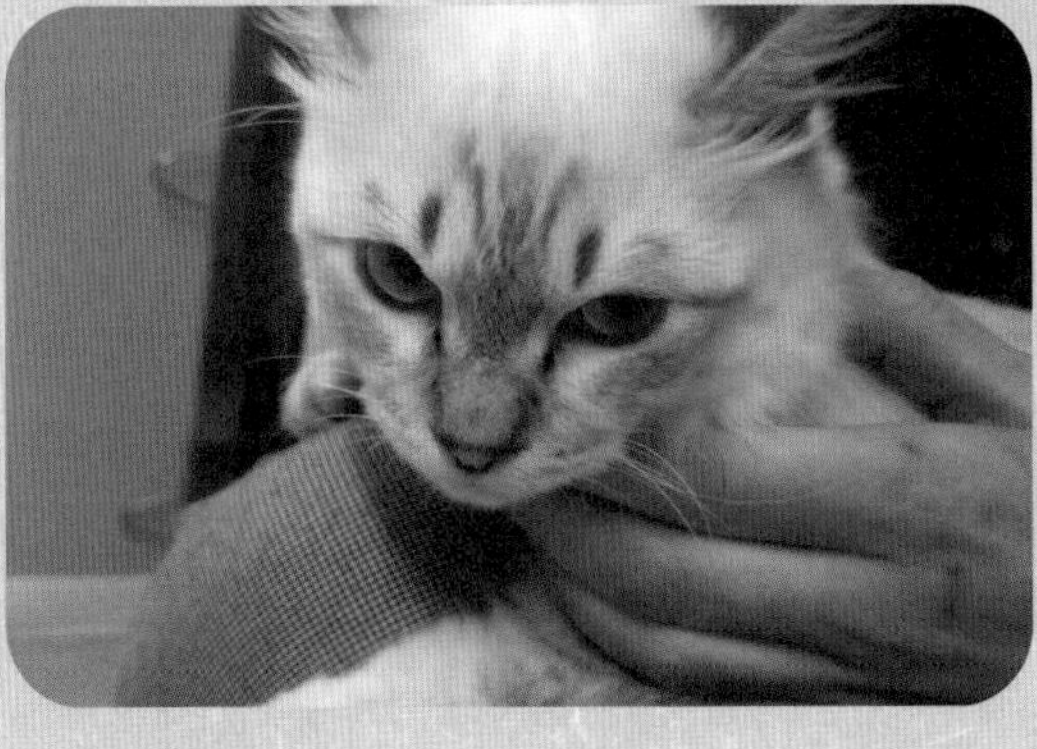

12月×日 すばる退院、ニャン友へ

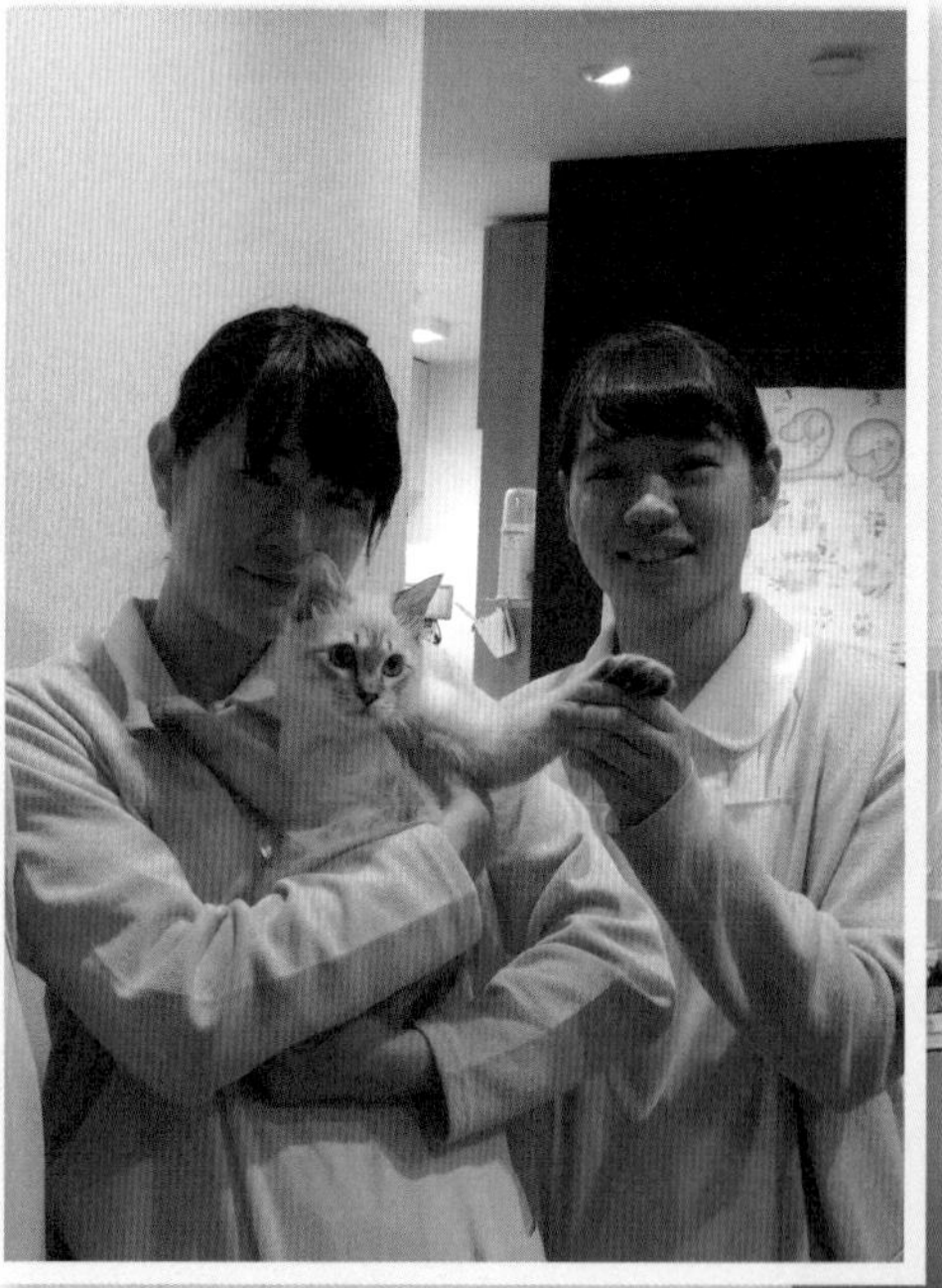

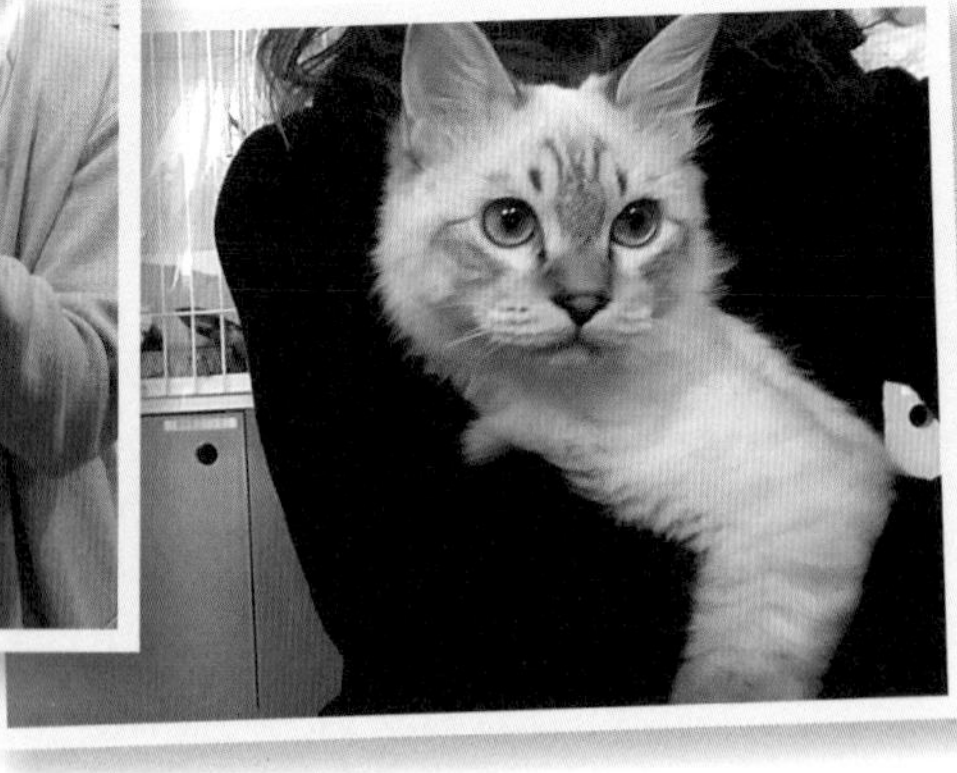

ほぼ3カ月の長期入院を終えて、いよいよ退院の日（体調変化に備え、様子を見ながらの一時退院です）。

すばるは獣医の森先生や看護師さんたち、入院仲間のワンニャンたちにお別れをし、すっかり仲良くなった看護師さんに抱っこされて記念撮影をしました。「すばるちゃん、バイバイ」と声をかけてくれた看護師さんの目がうるんでいたような……。ニャン友スタッフもすっかり感無量です。

そしてスタッフに抱っこされたまま、お引っ越し。引っ越しといっても、動物病院と同じビルの上階に、エレベーターで上がるだけなのですが（笑）。

すばるを迎えるために、ニャン友のスタッフたちは工夫を凝らした「すばるハウス」を用意していました。寒い季節は足元が冷えるので、ケージは床の上ではなく、キャットフードなどの物資が入った収納棚の上に設置。すばるが腕を使って床からハウスに出入りできるように、クッションで作ったスロープを置き（現在は、ボードに滑り止め用カーペットを

重ねた改良版になっています）、ケージの底にはふかふかのクッションやフリースを敷き詰め、気分が乗らないときは（笑）、隠れられるようなコーナーもつくりました。動物病院ではペットシーツを敷いていただけでしたが、猫用のトイレも設置。

抱っこしていたすばるを下ろしてハウスに入れると、すぐに隠れ家コーナーに入って顔だけのぞかせ、周囲の様子をうかがっていました。意外と場所見知り、人見知りのようです。

慣れるまでは少し「コワイコワイ」だろうけど、大丈夫だよ、すばる。

みんなで見守っているからね。

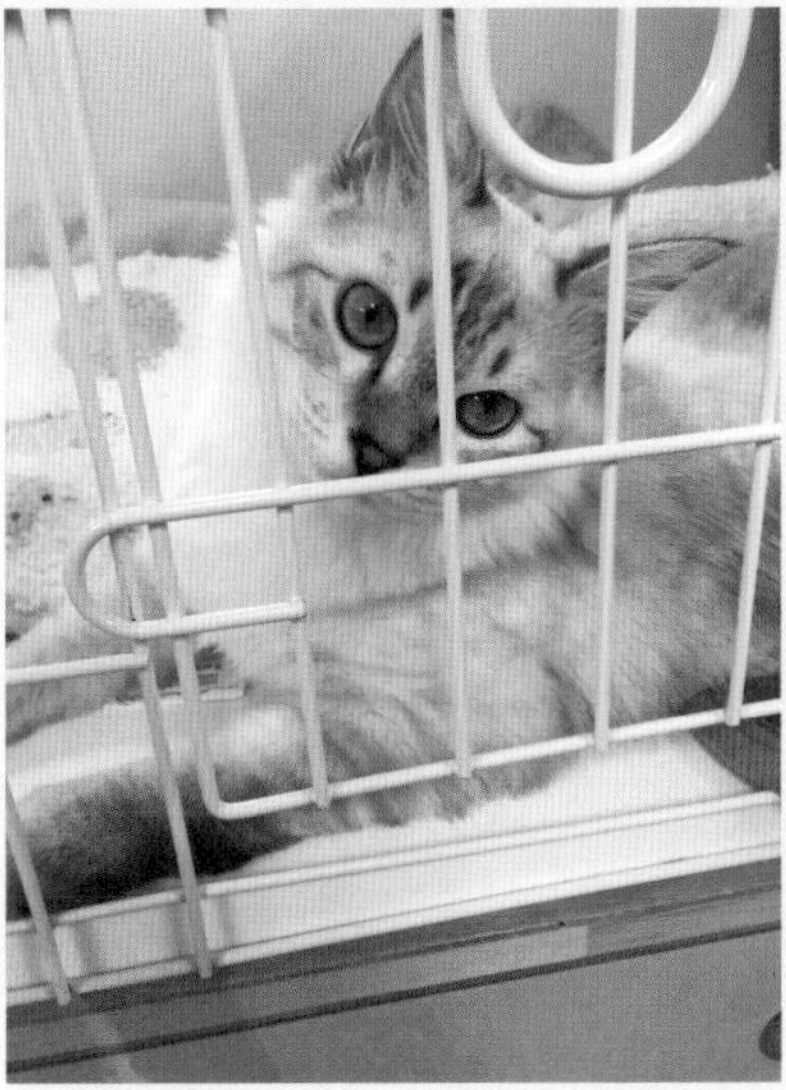

事務局内のすばるハウス。すばるの体の傷口に雑菌が入りにくいように、全面にビニールシートを貼っていた時期も

「すばる、ここがニャン友だよ」

森センセイや看護師さんたちにバイバイし、
スタッフに抱っこされて病院を出たぼくは、別の場所に連れてこられた。
ドアが開いたら……みんないた！
この人もあの人も、すばるに会いに病院に来てくれた人だ。

そして、ニンゲンだけじゃなくて、猫もたくさんいる。
まだ自分で食べることができない子猫はミルクを飲ませてもらい、
具合の悪そうな子はお薬をもらっている。
元気になって新しい家族に出会うために、みんながんばっているんだって。

「じゃーん、これがすばるハウスだよ」。
ぼくのおうちもある！

これが、ぼくのずっとのおうち、
ぼくの仲間なんだ。

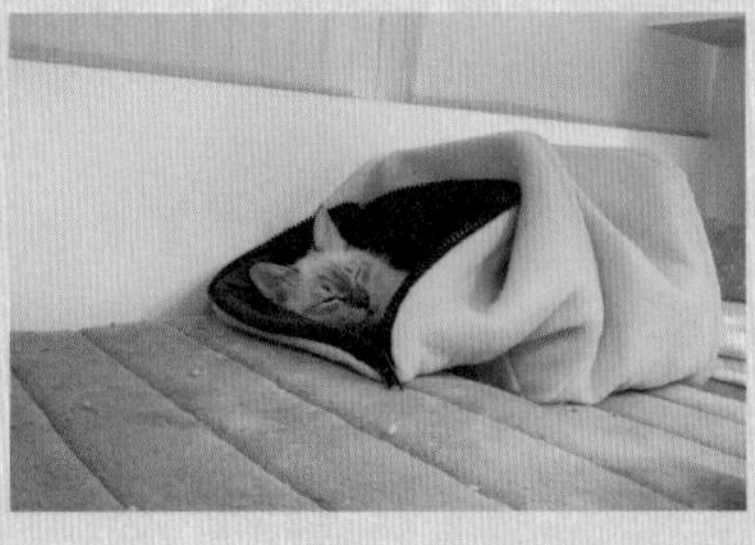

すばるのお気に入りだった布製トンネル。亀のように顔だけ出したり潜り込んで眠ったり

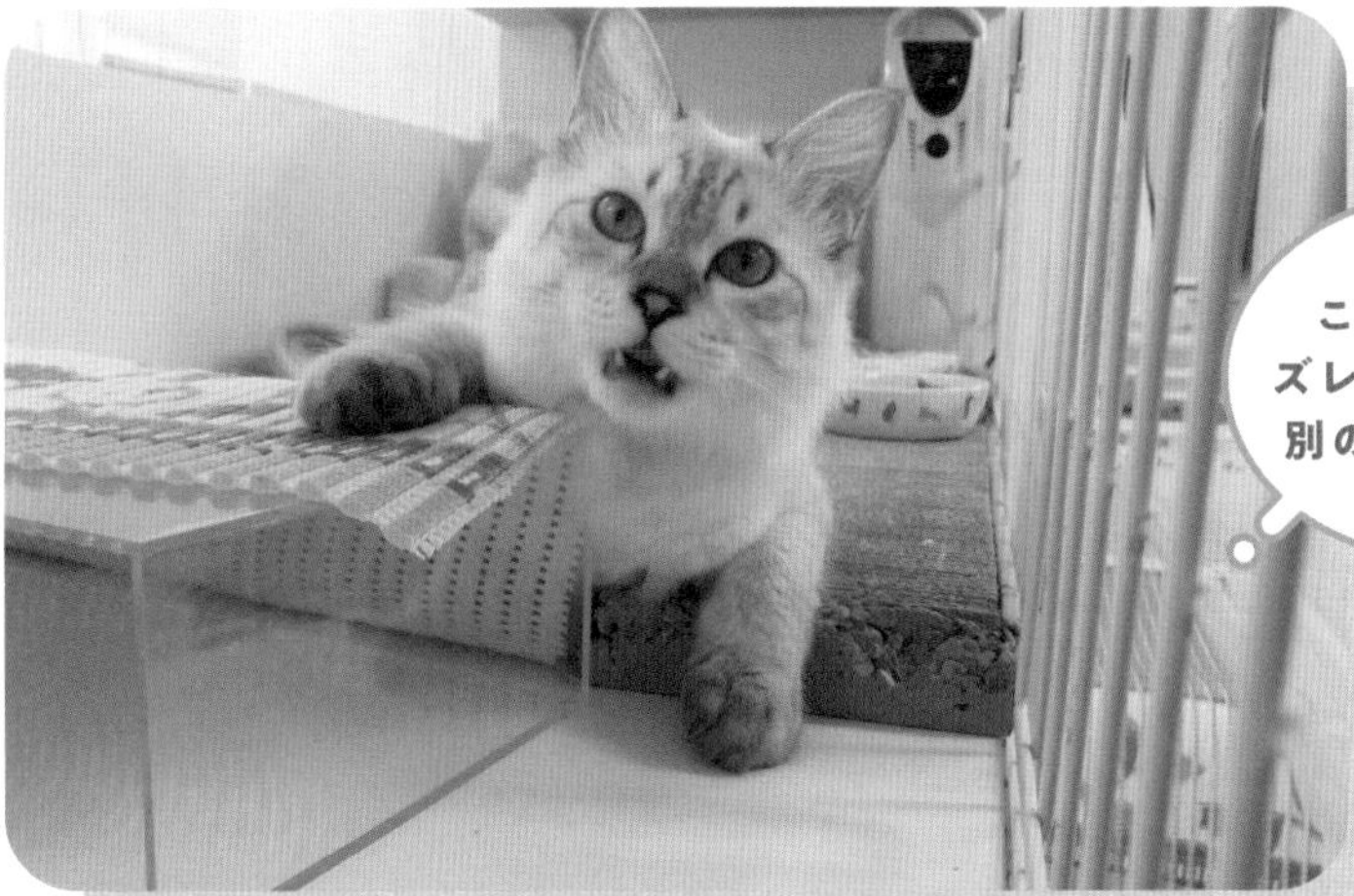

ハウス内はすばるの好みに合わせて日々改善

新入り猫や子猫たちの教育係として、あれこれ付き合ってあげる良き先輩のすばる

2019年 1月×日
二度めの手術と再退院

しっぽの先が擦れて傷ついてしまいがちだった。ケージでの通院には慣れているけど……

退院後のすばるは順調に回復・成長し、スタッフみんなを喜ばせてくれました。ときどき動物病院の看護師さんも、すばるの様子を見に来てくれました。

ニャン友事務局には、スタッフやボランティアの他にも、支援物資を持参してくれる人など、毎日大勢の人が出入りしています。すばるは人見知りするものの、何度か会った人にはなついて甘えるようになっていました。

体調を見極めながらですが、そろそろ去勢手術をする月齢になり、主治医の森先生には「去勢手術と同時に、事故で切れてしまったしっぽの先も切除します」と言われていました。

両脚と同じように、車のエンジンに絡まったすばるのしっぽは、根元の近くで切れてしまっていました。すばるの動きにつれて、しっぽの先が床などに擦れて皮膚が傷ついてしまい、やがてかさぶたができてもまた擦れて傷になり……ということを繰り返すため、なかなか完治しないのです。すばるも気に

炎症が収まらず、よく熱を出していたころ。気だるそうな表情で寝そべっていることが多かった

なってしきりとなめてしまい、しっぽの先は常に炎症を起こしていました。このまま放置しておけば、感染症の原因になりかねません。

退院してから1カ月も経《た》っていないのに、また入院・手術……。

次々と試練のつづくすばるがかわいそうでしたが、大ケガをして下半身にリスクがあるすばるにとって、病院での治療は、生きていくためにつづけていかなくてはならないこと。

両脚を失ったときに肛門括約筋《かつやくきん》が裂けてしまい、排便や自分でお尻をなめてお掃除するのが大変なことも、すばるが抱える困難の1つです。下痢をしてお尻が汚れると、抱っこでシンクに連行されてお尻を洗われるのですが、すばるはそれが大嫌い！　毎回、手を突っ張って「ウニャオーン！」と激しく抵抗します。

いつも「がんばって」と言うことしかできなくて、ごめんね、すばる。

だけど、すばる、がんばろうね……！

足はなくても、猫キックするみたいに骨盤を動かして、蹴り蹴り！

また病院で注射と手術をされたけど……ぼく、がんばりました。
獣医の森センセイ、看護師さん、いつもぼくと仲間の子たちを診てくれて、
治してくれて、ありがとう。

ニャン友には、弱った猫たちが毎日たくさん運ばれてくる。
飼い主さんが亡くなって１匹だけでおうちに取り残された子。
おなかの大きなママ猫。おじいちゃん猫。
すばるより小さい子も、ケガをした子もいっぱい。
病気やケガが治ってもごはんを食べない子、悲しみでいっぱいの子……。

ニャン友は病院ではないけれど、みんなで一生懸命、
そんな猫たちのお世話をしているみたい。

すばるも、ニャン友でお手伝いをしているんだ。
新入り猫の話を聞いたり、元気出してって応援したり。
ニャン友事務局やラウンジの見回りだって、毎日欠かさないよ。

もりもりごはんを食べて、たくさん遊んで、いつも元気でいようっと！

たくましい(?)腕で、ラウンジの見回りと警備に励むすばる

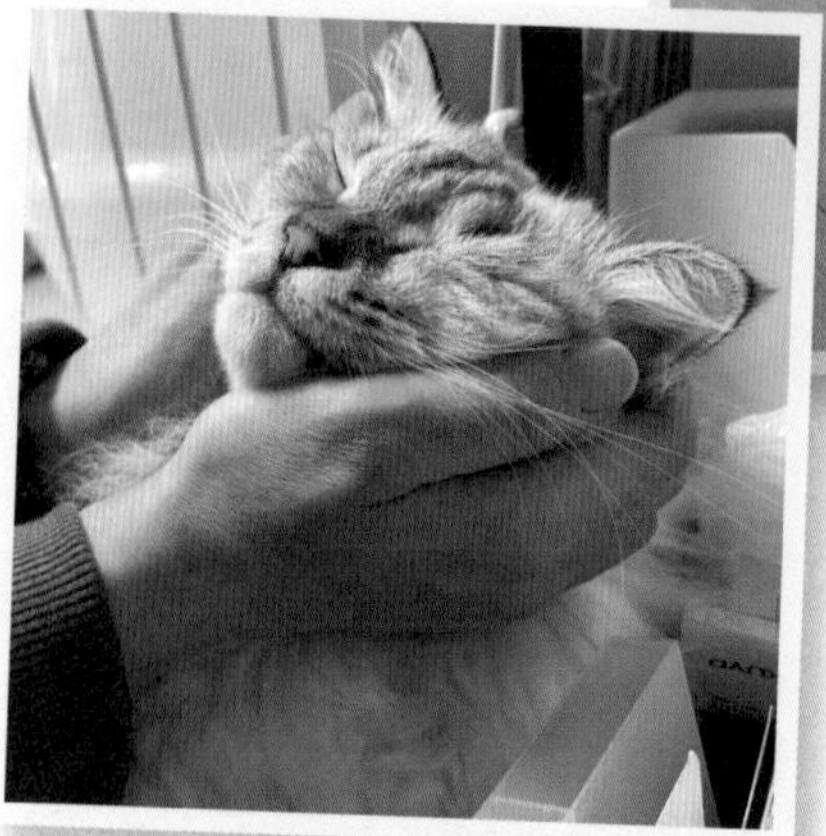

すばるがニャン友に来てから4年。七夕の日に4歳になりました。

保護猫なのにすばるに誕生日があるのは、救出された2018年の9月8日、「この子は生後2カ月くらいだな」と獣医の森先生が言ったから。逆算して「じゃあ、誕生日は七夕で」とニャン友スタッフが決めました。「七夕に生まれたすばる」って、星座みたいで、ちょっとカッコいいですよね。

体重は約3・5キロに増え、体もずいぶん大きくなりました。両脚のないすばるは、両腕の推進力で移動するせいか、腕も太いのです。「男の子っぽく、たくましくなったね。イケメンニャンコだね」とほめられると上機嫌なすばるです。

ニャン友での4年間で、すばるには猫と人間の仲間がたくさんできました。シェルターにいる猫たち、ニャン友のスタッフやボランティア、獣医さんに看護師さん。いつもラウンジや事務局を見回って、他の猫や人間とコミュニケーションをとっている、すばる。ニャン友のアイドルでもあり、ムードメーカーでもあり……（かなり「ビビり」ではありますが）。いつの間にかニャン友にとって、なくてはならない存在になっています。

　ニャン友のブログやSNSを読んで、すばる宛てに支援物資（キャットフードや猫砂など）や寄付金を送ってくれる方が大勢います。もちろん、がんばっている他の猫たちにも。全国からニャン友宛てに届く支援物資やメッセージに、「元気に、幸せになって」と猫たちのために願ってくれる、皆さんの想いを強く感じています。

　すばる、これからもずっと元気でいてね。そしてニャン友のみんなと一緒に、〝猫助けと幸せ探し〟をがんばっていこうね。

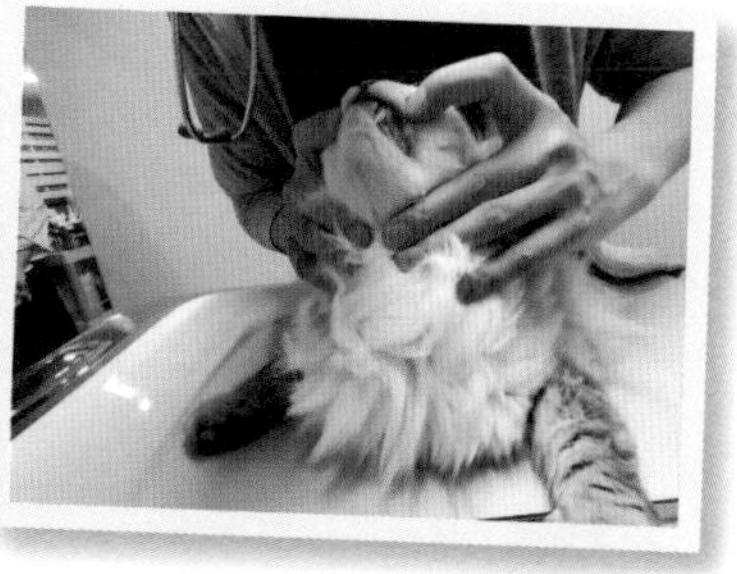

大嫌いな歯科検診や（上）、お尻洗いにも（下）、すばるは負けない！
支援物資の仕分けを手伝い中（左）

全国のみにゃさま、いつもぼくたちのごはんや
猫砂を送ってくれて、ありがとう！
届いた箱やお便りには、家族だった猫たちへの想いや応援の気持ちも、
たくさん詰まっています。
ときどき、スタッフがそんな子たちの写真を、ぼくにも見せてくれる。
この子たちは、いまどこにいるんだろ？

「すばる、この子たちはね、飼い主さんの愛と幸せをいっぱい抱えて、
虹の橋を渡ってお空に昇っていったの。すばるのお友達だった子も、
みんなもそこにいるんだよ」。

そうなんだ。みんにゃ、そっちで元気かな……。

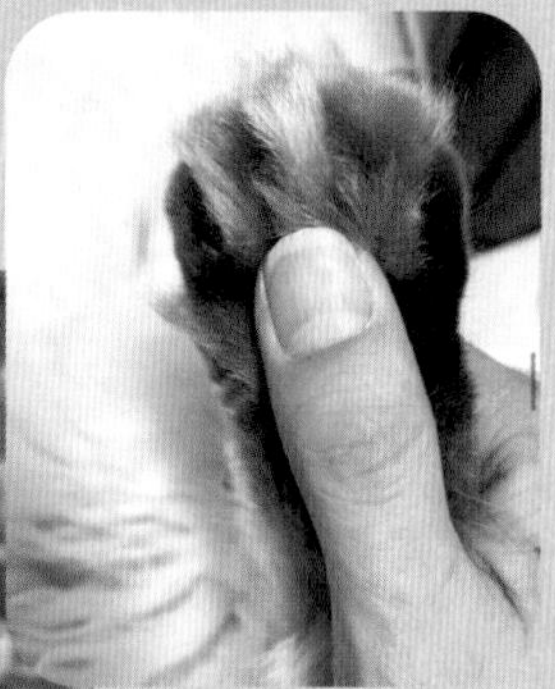

モフモフの肉球で、スタッフとハイタッチ！

猫も人間も
毎日みんな
がんばってるよ

猫にもいろんな幸せがあるけれど、
ここニャン友は、「未来に家族との幸せが待っている」と
信じてがんばっている猫たちと人間たちの集まりです。
ぼくも「みんにゃ幸せ」になれるよう、毎日がんばってるんだ。

ぼくの名前はすばる。
ニャン友は、ぼくの家。
人間は、ぼくの大事な家族です。

2章

ニャン友ねっとわーく北海道の24時間

届いたフードは
ぼくがぜーんぶ
確認していますよ
（キリッ）

ニャン友の24時間 ～朝から深夜まで奮闘《てんてこまい》～

すばると大勢の猫たち、人間たちが毎日忙しく楽しくがんばっています

9:00 @キャット・ラウンジ

お待ちかね！の朝ごはん

猫たちがケージ内ですごす夜が明けて朝がやってくると、人間たち（スタッフとボランティア）も、ニャン友の事務局に集まってきます。

ニャン友のキャット・ラウンジにいる猫の数は通常は40匹くらい、多いときには100匹以上（！）。その子たちが毎朝、首を長ーくして待っているごはんをあげ、ケージの中やフロアをきれいに掃除・消毒して、お水やトイレの猫砂を交換します。

毎日スタッフとボランティアを合わせて4～6人ほどが、LINEでそれぞれ都合のつく日時を調整し、年間365日に1日の空白もなく、猫たちのお世話をしています。

大規模レスキューの後などで、シェルターに数十から100匹もの猫がいるときには、すべての子のケージとフ

ロアの掃除だけでお昼すぎまでかかってしまいます。お手伝いをしてくれるボランティアはたくさんいますが、何人いても足りないので、常時募集中なのです。

猫たちのごはんは、全国のサポーター（支援者）さんたちが送ってくれる支援物資のキャットフード。毎日、事務局内に山積みになるほどの段ボール箱で届きますが、あっという間になくなってしまいます（100匹近くいると、たった1日で10～15キロくらいのフードがなくなります）。

保護されるまで充分に食べられずにいてやせっぽちの子には、栄養価の高いキャットフードを。腎臓の悪い子や病気と闘っている子には、獣医さんに処方してもらったフードを。猫たちそれぞれの体調に合わせたフードを、他の子のフードと間違えないように、注意してお給仕しています。それぞれの子が食べた量・残した量も確認し、体調をチェックしています。

すばるはおなかを壊しやすいので、繊維質が控えめで消化しやすいフードをいつも食べています。

「たまには違うものが食べたい！」と（猫あるある）、他の子（同居の白猫ヘレン）のフードを盗み食いしてしまうことがありますが、すぐにバレてしまいます。だって、盗み

食いをするとすばるは決まっておなかを壊し、下痢ピー（失礼！）になってしまうから……。

おなかを壊したすばるを待っているのは、大嫌いな「お尻洗い」。

「すばる〜、ヘレンのごはんを取っちゃうからおなかを壊すんでしょ〜。お尻が汚れて気持ちが悪いから、キレイにしようね〜」。

スタッフが声をかけながら、温水シャワーが使える業務用シンクにすばるを連れていって、お尻をキレイに洗い流して清潔にし、ワセリンを塗ってあげるのですが、すばるは毎回抵抗し、すごーくイヤな顔に……（沁《し》みて痛いのかも）。「助けて！」とばかりにニャア〜ニャア〜と鳴きわめいたり、「シンクには行かないよ！」とでも言うように腕で柱などにつかまって抵抗したり……。結局、最後は抱っこで連行されるのですが（笑）。お尻をキレイにされた後は、しばらくいじけているまでがルーティーンです。

猫砂用スコップは各トイレ専用。トイレの掃除や消毒はもちろん、ケージ内や猫が歩くフロアなども徹底的に拭き掃除してきれいに保っています

10:00 清潔第一！

食器洗いとお掃除、消毒の嵐

すばるや猫たちのごはんが終わったら、食器の後片付け。猫たちが暮らすスペースに病原菌やウイルスが入り込んで病気になることがないように、ニャン友では、新型コロナが流行するずっと前から、次亜塩素酸《じあえんそさん》水を消毒に使っています。キャット・ラウンジでは猫の数だけ、1日数十から100枚以上も、きれいにお皿を洗った後、次亜塩素酸水に浸けて消毒しているんですよ。

後片付けの後は、ケージ内とトイレのお掃除と消毒。猫エイズやノロウイルス、ウイルス性胃腸炎などの感染症予防のため、すべての猫がそれぞれ専用のトイレを使い、猫砂もひんぱんに全部取り換えてトイレ本体も洗っています。トイレの猫砂用スコップも、各ケージ専用のものです。

ケージをお掃除しながら「それぞれの猫のおなかは大丈夫かな？　吐いたり下したりしていない？　おしっこやウンチに変わった様子はないかな？」と目で確認して、健康管理をしているのです。保護したばかりの子は、それまで充分に飲めなかったお水をごくごく飲んで下痢になりがち。

スタッフも
ボランティアさんも、
ぼくたちのために
一生懸命お掃除して
くれます

全国から猫砂やタオルを送ってもらって、ぼくたちいつも清潔で快適にすごせています。みにゃさま、いつもありがとうねー（すばる）

そうした消化不良が原因の下痢は無理に止めず、サプリなどで腸の調子を整えていきます。

絶対に広げてはいけないのが感染症。人間の手を介して伝染するので、お掃除の際には常に手にプラスチック手袋をはめます。また、お掃除や消毒する場所の順番（トイレが最後）を守らないと、せっかく清潔にした場所が清潔でなくなってしまいます。お掃除と消毒には、看護師や介護士のような衛生面の知識が必要なので、ニャン友では新人のボランティアには、先輩のスタッフやボランティアとペアになって、マンツーマンで指導を受けながら、最低3回くらいは先輩と一緒にやってもらっています。ニャン友に来てくれるボランティアには、自分の飼い猫や里親として預かっている猫を守りたくて、「感染対策を学びたくて来ました」と言う人も多いのです。

猫が100匹もいると、1日で約400リットルもの大量の猫砂がゴミになるので、1階の大きなゴミ箱はいつも満杯。毎日のフードと猫砂で、事務局は常に収納スペース不足。ありとあらゆるところに、フードと猫砂の箱や袋が山積みになっています……。

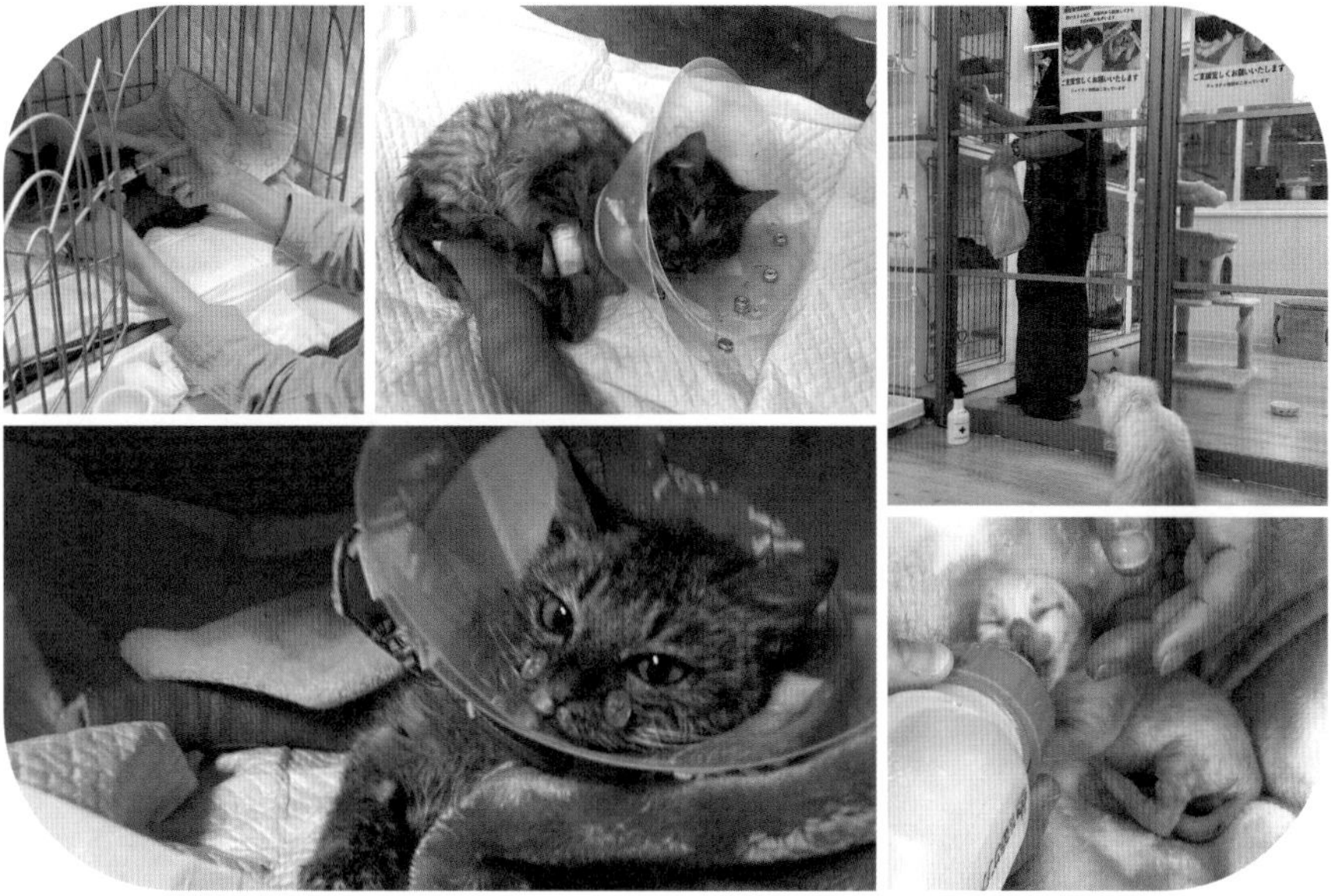

2時間おきに授乳が必要な子猫（右下）も、フォークリフトにはさまれ、あごと脚を骨折した「モネ」（左側）も、手当てを受けて元気に

11:00 @ ICUルームと動物病院

いつも元気でいるために

ごはんとお掃除が終わったら、同じビルの下階にある動物病院への通院と、治療中の子たちのお薬の時間です。猫たちみんな、飲み薬や「チックン」（注射や点滴）は大嫌い。毎日注射を受けている子は、病院への移動時に入ってもらうキャリーケースを見るだけで、ため息が……（猫もため息をつくんですよ）。それでもまた元気になるために、がんばってガマンしてくれるいい子たちです。

病気の子がいる場所は、健康な子たちがいるキャット・ラウンジと、スタッフのいるニャン友事務局の間にはさまれた「ICUルーム」。両側の仕切りがガラス窓になっていて、ラウンジや事務局にいる人がいつでもICUに目を配り、病気で体調が変わりやすい子たちの様子を把握できるようになっています。

自分ではごはんを充分に食べられず、点滴を受ける子もいます。白黒猫のチビちゃんは、点滴などの治療で元気を取り戻し、里親さんと「ずっとのお家」を見つけました。チビちゃんを診てくれた獣医さんは特に赤ちゃん猫や子猫

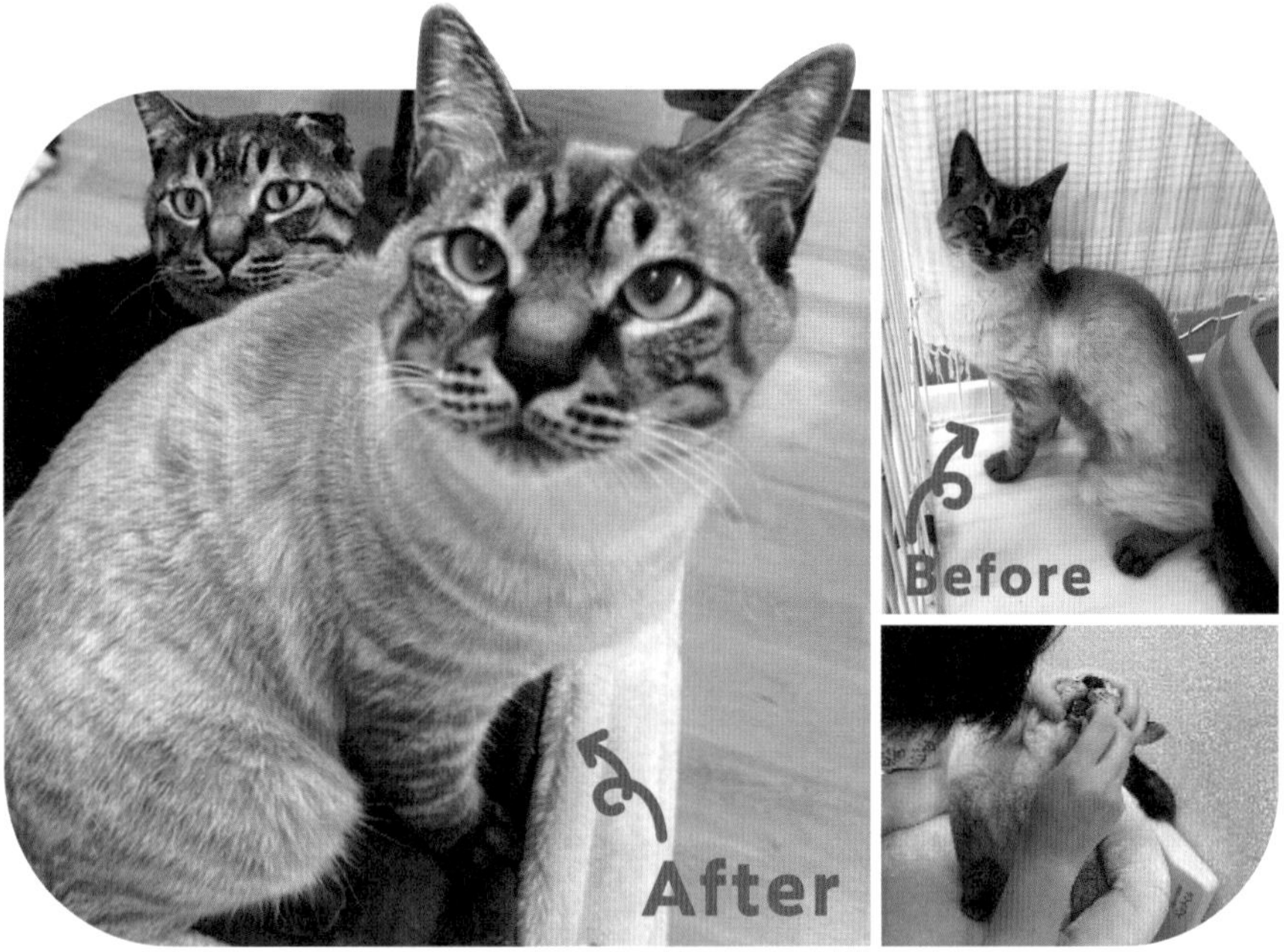

ＦＩＰの長期投薬治療をがんばり抜いたウィル。激やせだった保護直後とは別猫のように、すっかり元気＆ふくふくに

の治療が得意で、これまでに何十匹もの子猫を助けてくれた人。ニャン友は十数カ所の動物病院と提携していて、猫の病気やケガによって、それぞれの得意分野の獣医さんに診てもらうようにしています。

最近は、ＦＩＰ（猫伝染性腹膜炎）という難病で、80日以上もお薬を飲んでいる子も増えています。ウィルちゃんは、ＦＩＰのお薬を84日間も飲んで、ついに寛解。病気に理解のある里親さんに譲渡され、幸せになりました。

動物病院で暴れる子は、洗濯用ネットに入れるとおとなしく受診してくれます（猫を飼っている人にはよく知られた方法ですね）。獣医さんたちは暴れる子にも慣れているし、やさしい看護師さんたちはニャン友の猫たちの名前を覚えてくれています。

「毎日、キャリーに入ってエレベーターで降りてくるのは大変でしょ」と、階下の動物病院の獣医さんは、ニャン友まで往診してくれることも。ニャン友内の慣れた空間での受診だと、猫も落ち着いていられるので、とても助かりました。

病気ではなくても、ニャン友で保護した猫は全員、動物病院でメディカル・チェックを受けます。目ヤニや鼻水（猫

風邪の症状）がないか、おなかに寄生虫はいないか。寄生虫は薬で駆虫し、ワクチン注射もしてもらいます。

猫は繁殖力が強いので、避妊手術も必須。オスは生後４カ月までに、メスは生後６カ月に達したら避妊手術を受けます。

キャット・ラウンジにいる（デビュー済みの）子たちは、これらのプロセスすべてをクリアした、健康で元気な子。いつでも里親候補さんと巡り会って「ずっとのお家」の子になれる猫たちです。

大規模レスキューで保護したばかりの子たちは、こうしたメディカル・チェックや避妊手術が完了するまで、ラウンジとは別のフロアで一時待機してもらっています。

運転前に「猫バンバン」のお願い

すばるもモネ（p.45）も、暖を求めて車の奥に入り込み、大ケガを負いました。気温が低いと屋外にいる猫が暖を求め、エンジンを切ったばかりで温かい車の奥（エンジンルームなど）に入り込むことがよくあります。しかし猫が入り込んだままで車を動かすと、猫が車の部品に体をはさまれて負傷したり、車の熱で重い火傷を負ったりしてしまいます。こうしたバンバンだけでは逃げ出さない猫もいるので、車を動かす前に「ボンネットを開けて」また「車の下をのぞいて」、猫がいないかどうか確認することも大切です。

鳥の羽根のついたじゃらしを高く振って遊びに誘うと、みんなすごいジャンプと狩りの能力を披露！　心身の健康のためにも遊びは大事

11:30

お楽しみとお昼寝タイム

床掃除も終わったら、猫たちはケージを出て、キレイになったキャット・ラウンジを自由に歩き回ります。そしてお楽しみの「じゃらしタイム」！　ボランティアが猫じゃらしやおもちゃを振ってあげると、ちょっと前まで人間を怖がっていた子たちも大はしゃぎ！

実はこういった「遊び」も、猫たちの心身の健康のためにとても大事。駆け回ったり、とびはねたりするとストレスも発散できるし、運動量が増えるとおなかが空いて、ごはんをよく食べられるようになります（おなかが空くと、みんな進んで自分のハウスに戻り、ごはんを食べています）。だから、猫たちと遊んであげることも、ボランティアの大事な仕事です。スタッフが帰宅する時間まで、猫たちはケージの外で自由に遊び回っています。

昼下がり。いっぱいごはんを食べてたくさん遊ぶと、眠くなります。みんな、気持ち良さそう……。ラウンジや事務局のあちこちに転がってお昼寝している猫たちを、スタッフやボランティアは上手によけて、そろそろと歩きます。

「お掃除終わったよ、ケージから出てきて遊ぼ！」

キャット・ラウンジに猫たちがわらわらと集合

トンネルのおもちゃも大人気。全力で遊んだ後はみんな脱力、アザラシの
ように床に転がる子も。それぞれお気に入りのお昼寝場所があります

すばるのお仕事、あれこれ

猫たちがお昼寝していて静かな間に、多忙な〝すばる編集長〟のお仕事をご紹介します。

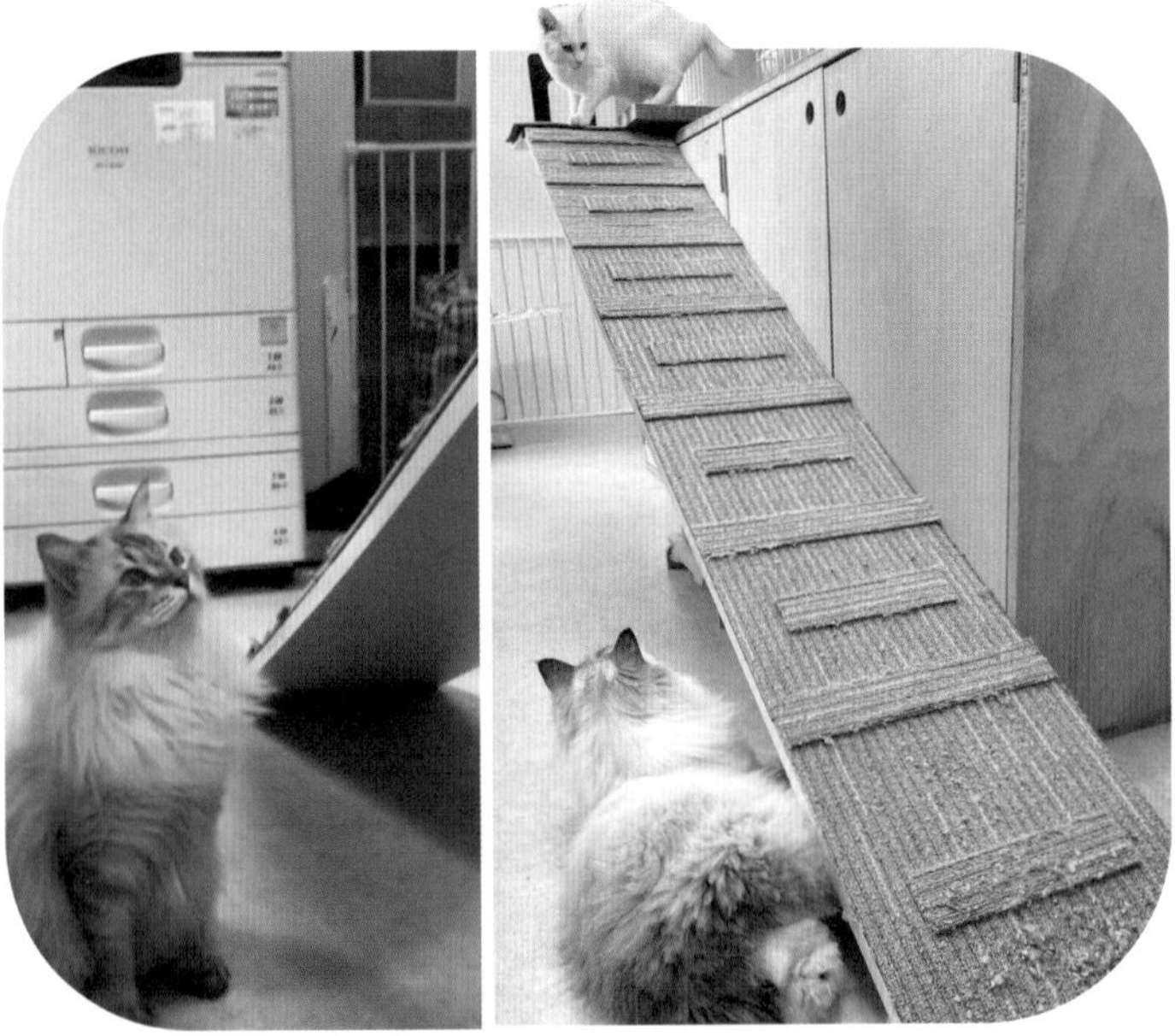

すばるハウスは収納棚の上。すばるは腕と体幹を使って器用にスロープを昇り降りし、事務局内の散歩や見回りをしています

すばるのお仕事 1

事務局の見回りは欠かしません！

すばるは、事務局ですごす時間が誰よりも長い（すばるハウスは事務局内にあります）「事務局の主」であり、ニャン友の看板猫でもあることから、みんなに「すばる編集長」と呼ばれています。

朝のお掃除が終わってすばるハウス（ケージ）の扉が開くと、すばるはハウスの入り口に設置されたスロープをひとりで下りて、事務局の中を見回ります。

すばるハウスは収納棚の上に設置されています。夏以外は気温が低い札幌では、床にハウスを直置きするより温かく、猫にとって快適な場所ですが、問題はハウスへのすばるの出入り。

両脚のないすばるは、他の猫のように棚の上にとび乗ったり、とび降りたりはできません（実は、すばるがいきな

二見書房刊

補充注文カード

定価1815円
税10%

書店・取次店

注文数

冊

発行 二見書房

書名 ぼく、すばる。両脚をなくした保護猫と人間たちの「ネコ助け」な毎日

著者 勝田珠美

9784576221489

ISBN978-4-576-22148-9
C0095 ¥1650E

(本体

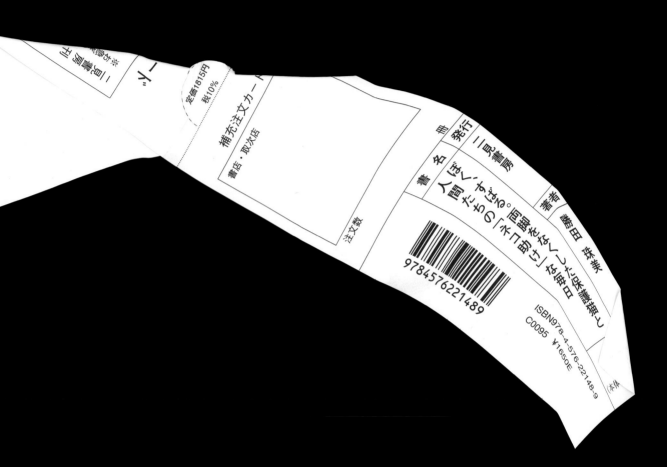

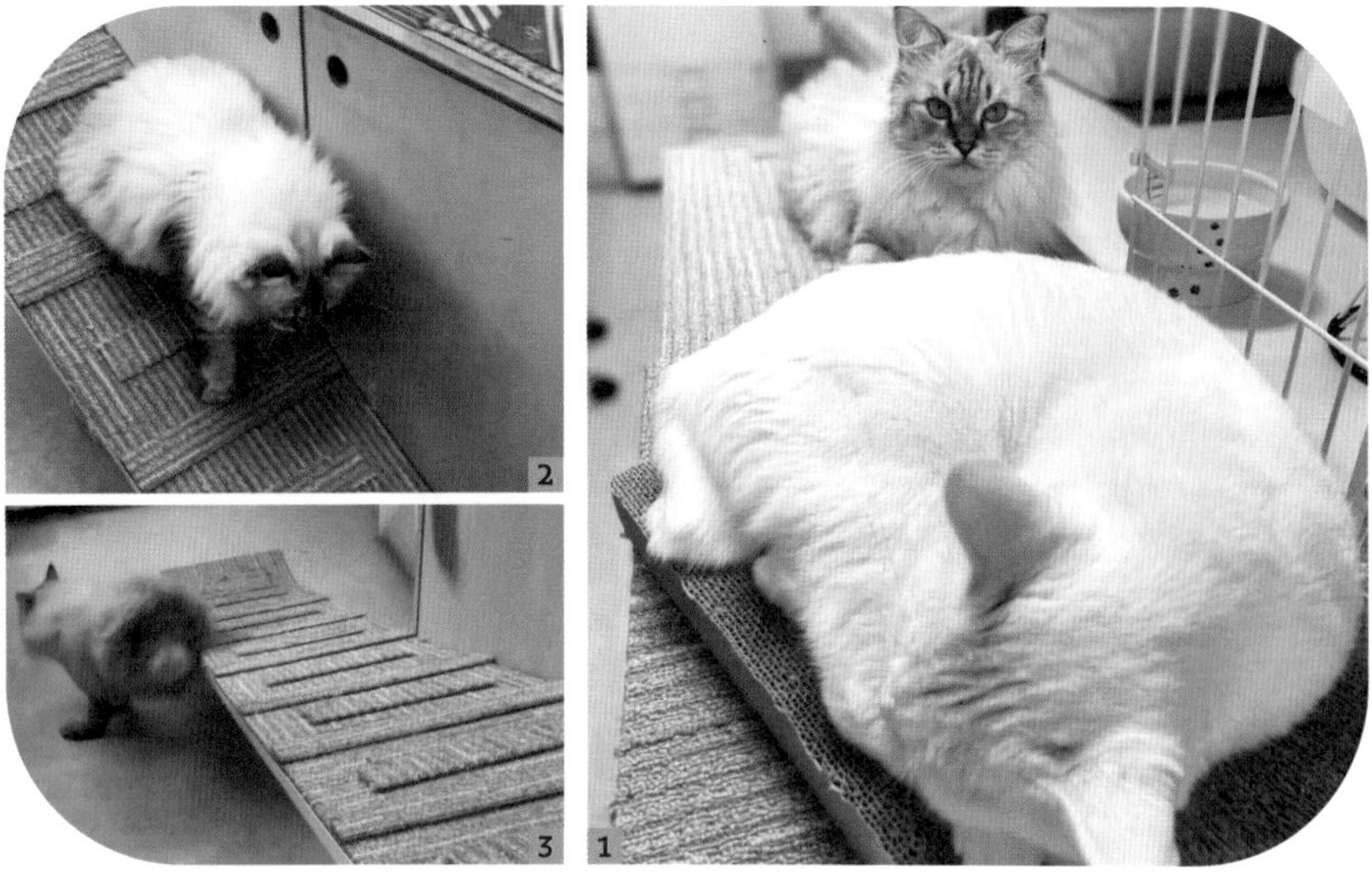

1 すばるハウスの前でくつろぐ？ 2匹。「ヘレン、その爪とぎボードはぼくのなんだけど……」 2 3 ひとりでスロープを下りるすばる。時には両腕だけでぴょんととび降り、周囲をびっくりさせます

り腕だけでとび降りたことがあり「これは危ない！」と急きょスロープを設置しました）。でも、この長いスロープがあれば、すばるでも両腕の力だけで、ひとりで床まで昇り降りできるのです。

現在のスロープは数えて5代目。クッションを重ねたり、細長い板に布を巻いたり、タイルカーペットを切って貼ったりなど、試行錯誤とカスタマイズを経て現在に至っています。スロープの下には棚を置いて、スペースを有効活用しています。

事務局の床はつるつるした素材なので、すばるは両腕の力で体を腰まで引っ張るようにして、床の上をすべるように移動できます（スケートリンクの上でほふく前進するイメージ）。両脚はなくても両腕の推進力と、骨盤を器用に左右に振ってバランスを取ることで、すいすいとリズム良く前進するのです。他の猫と追っかけっこするときなどに、すばるが本気で「走る」と、初めて見た人がびっくりするようなスピードなんですよ。

すばるは出勤してきたスタッフやボランティアたちに「おはよー」と鳴いて挨拶しながら、事務局内をチェックして回ります。

オール
オッケー
でーす!
ふむふむ、
今日も異状は
ないかな?

すばるのお仕事 2

人にも猫にも友好的に

やがて、事務局の電話が鳴りはじめて、スタッフは電話応対に忙しくなります。

「もしもしニャン友です。どうされました?」

「野良猫を見つけたんですね。どのくらいの大きさですか? この事務局まで連れてこられますか?」

夜の20時ごろまで、ずっと電話で保護の相談をしていることも珍しくありません。ニャン友では「猫を心配している人の〝最後の頼みの綱〟になれるように」と電話番号を公開し、電話を受けつづけています。

そんな電話をしているスタッフの隣で、別のスタッフが猫のおもちゃなどをいっぱい持ってきた、バザーなどでの物販担当ボランティアに、「この商品、猫にどうでしょうか?」などと意見を聞かれていることも。

猫たちに会いがてら、キャットフードや猫砂などの支援物資を持参してくれる支援者さんもやってきて、いつもいろいろな人が事務局に出入りしています。

初めての人が来るとすばるは警戒して物かげに隠れてし

ずっとのおうち
決まったの？
よかったね！
……（タジタジ）

1 年始のバザー用の福袋もしっかり検品！　2「この辺りも探したら？」迷子猫の捜索チームにも参加　3 4 他の猫たちとのコミュニケーションも大事

まいますが、「すばる、かわいい〜！」などと言われると、すぐにゴロスリ状態になってナデナデされることも。そんなときは「すばるはチョロいね〜」とスタッフに呆れられています。

次にすばるが参加するのは、スタッフの会議や打ち合わせ。スタッフ間の連絡事項や申し送り、里親さんが決まった子の譲渡の調整など、話し合わなくてはいけないことが毎日たくさんあります。

ニャン友ではひと月に30匹以上の猫を譲渡しているので、譲渡にまつわる相談や手配、猫のお届けも、ほぼ毎日。ペット保険の加入、飼育道具のレンタル（里親さんがじっくり吟味する時間を確保できるよう、ニャン友ではケージやトイレもレンタルしています）、病気の子の治療方針の相談など、内容は多岐にわたります。

ニャン友歴4年と古株になりつつあるすばるは、里親さんの家に向けて出発する子に「がんばってね！」、トライアル（里親さんの家でのお試し期間）から出戻ってきた子には「ガッカリしなくていいですからね」と、マメに声をかけているんですよ。

まったく忙しくてしようがないから、もうなくさないでくださいね
あ！なくしたのは、ぼくでした……

毛玉ボールを転がして、エキサイトして、行方不明にして探し回る……までがルーティーン

すばるのお仕事 3

毛玉を追跡！

忙しいお仕事の合間に、すばるの体にブラッシングをするのは、スタッフ自身の癒しとお楽しみを兼ねたお仕事。長毛種のすばるの抜け毛は、毎日すごい量！ 取れた抜け毛で、通称「すばるボール」と呼ばれる毛玉ができます。その「すばるボール」を床で転がして遊ぶのも、すばるの大事なお仕事（運動不足になってはいけませんから）。

コロコロ転がるのが面白いらしく、遊んでいるとボールはすぐにどこかに行ってしまいます。毛玉ボールは、つくる先から次から次に行方不明に（笑）。

「すばる、もうなくしたの？」とデスクや棚の下をスタッフがのぞいて探しますが、スタッフがすぐに見つけられないときは、すばるもあちこちをのぞき込んで、一緒に探します。

スタッフより先にすばるが見つけたときは「ここにありました！」と得意げに鳴いて教えてくれます。

すばる、後ろー。
注意、注意！
（スタッフ）

毎度、おじゃましてますよー
（村長）

うぬぬ、油断もスキもないです！怪しいニオイはないかな…
お昼寝から起きたら、またラウンジの見回りにいかなくっちゃ！

1 すばるの背後に忍び寄る猫の影　2 いつの間にか「村長」がすばるハウスのトイレでくつろいで　3 鋭いまなざしで監視中

すばるのお仕事 4

不法侵入者をブロック！

次のお仕事は、キャット・ラウンジから事務局に不法侵入してくる猫に「脱走はダメですよ！」と注意すること。すばるハウスがある事務局の隣は、病気の猫たちのICUルーム。そのさらに隣が、一番広く、一番多くの猫がいるキャット・ラウンジです。どうやら侵入者は、そのキャット・ラウンジから来ている猫のようす……。

気が付くと、すばるハウスのトイレに、通称「村長」（体も態度もとても大きい茶トラ猫）が寝ていました。

くんくん

新作のぷくぷくエリザベスカラーを試着したすばる。ご感想は……イカ耳？

年に数回開催しているチャリティバザー。オリジナルの猫グッズも大人気。譲渡会はとにかく開催回数を増やすことも重要！

すばるを繊細なタッチで描いた日本画。毛並みまでリアル

すばるのお仕事 5

広報&グッズの監修も担当

毎日のように、支援者の方たちが猫たちに送ってくださる支援物資や応援のメッセージに、ブログなどでお礼をするのも、すばるの大事な仕事です。なかには、すばるの写実的な似顔絵を描いてくれたファン？ の方も。

そしてスタッフが書いたお礼の文章に、「ありがとう」の気持ちを込めるのが、すばるの役割。

2021年はインスタグラムでもデビューを果たしたすばる。毎日「お世話係」を通じて、ニャン友での日々やメッセージを発信しています。

ほぼ隔週で開催している譲渡会の他、ニャン友では年に3～4回のチャリティーイベントを開催し、ハンドメイドのペット用品などを販売して、活動資金の一部にしています。そこで販売するオリジナルグッズの開発も、ニャン友の大事なお仕事。試作品が届くと、すばるは必ずチェックしに来て、ふんふんと匂いをかいだり、手でちょいちょいと触ったりしています。

毎年冬のイベント会場や、通販でも販売する「ニャン友

1～3 一生懸命選んでいても、ピラピラしている紙を見ると、体がつい反応
4 ニャン友卒業猫の投稿写真を集めたオリジナルカレンダー。毎年の人気商品

カレンダー」の編集会議にも参加しているすばる。

ニャン友がNPO団体になった2016年から作っているカレンダーの猫たちの画像は、ニャン友を卒業した保護猫たちの里親さんが送ってくれるもの（すばるやキャット・ラウンジの子も登場します）。ニャン友のカレンダーは、新しい家族のもとに出発した子たちの「幸せ便り」なのです。

カレンダーの売上金はニャン友への支援金になり、猫たちを応援しながら、かわいい卒業猫たちの画像を楽しめると、増刷することもあるほど毎年大人気。

問題は、猫たちの写真に思い入れがありすぎて、その年が終わっても捨てられないこと（笑）。事務局では、イベントなどで使う募金箱に貼るなどして活用しています。

すばる編集長は、幸せになった仲間たちの写真をカレンダー用に選んだり、写真の上に寝転がったり、猫の習性を活かして、ピラピラした紙にじゃれついたりします。

えーと、ジャマしているんじゃないですよね？　すばる編集長。

こんなふうに、すばる編集長はいつも大忙しです。

お日様ポカポカで、事務局やラウンジがとっても気持ちいい日。キャット・ラウンジの子たちがお昼寝してばかり

ぼくだけは絶対に、絶対に寝ませんです（キリッ）。絶対……

でも、すばる編集長だけは……。

こうして毎日、いろいろなことで忙しいニャン友の猫たちと人間たち。でも、私たちニャン友の人間が、すばるや猫たちにお願いしたいお仕事は、何よりも「元気でいてくれること」。

キャット・ラウンジの猫たちには、いつもこう話しています。

「私たちもがんばって譲渡会をたくさん開くから、あなたたちも〝ずっとの家族〟、〝ずっとのお家〟を早く見つけなさいね。それまではここで、元気いっぱいでいるんだよ。それがあなたたち、ニャン友の子たちのいちばんのお仕事なんだから」。

あごを粉砕骨折したモネ（p.45）も回復。噛んで食べられるように

元気でいるのが
猫《わたし》たちの
お仕事なんだって～
わかりました！
明日も
元気いっぱいで
いきまーす！
（ペコリ）

24:00＠キャットラウンジ

猫たちの夜

晩ごはんが終わった猫たちは、ラウンジ内で好きなようにすごし、スタッフの退勤時に、それぞれのケージへ戻ります（自分からケージに戻る癖をつけるのも、大事な飼い猫修行です）。

夜遅くまでスタッフがお仕事をしている日もありますが、たいてい日付が変わるころまでには、スタッフは事務局に鍵をかけて帰宅します。その後は、猫たちだけの時間。

朝までの無人の間は、警備会社の人感センサーが作動していますが、猫たちの一挙手一投足まではわかりません。猫は夜行性といわれていますが、ケージの中でおとなしく寝ているのか、ケージ越しにニャアニャアおしゃべりしているのか、それとも……？

時には事件が起こることもあります。ある日の真夜中、警備会社からスタッフの携帯電話に緊急連絡が。「鍵がかかっていて無人のはずなのに、何者かの動きにセンサーが反応して、アラームが作動しました」。

監視カメラに映っていたのは、闇の中を動き回る小さな

すばるハウスで同居中のすばるとヘレン。夜はくっついて眠るけれど、別にラブラブではない、ほどよい（?）距離感の2匹です

影と、ピカリと光る二つの目。

「あ……、それ、猫です」。

不審者の正体は、引田天功《ひきたてんこう》のような「オリ抜けの名人」、初山別《しょさんべつ》村から保護された黒猫のラーちゃん。ロックされたケージから、どう脱出したのか、ラウンジを歩き回っていたのでした。朝にスタッフが出勤すると、何事もなかったかのようにケージに戻って寝ていたラーちゃん……。まったく人騒がせな猫です。

すばるは、スタッフがいなくなる夜間は寂しいのか、すばるハウスの中で白猫ヘレンとくっついて寝ていることが多いようです。

みんな、いい子でおやすみなさい。すばるもヘレンも、他の子たちも、みんないい夢を。

また明日、元気に

がんばろうね！

ラーちゃんも譲渡されて
幸せになりました

3章

いのちを救うレスキュー

今日も鳴る「レスキュー110番」

「もしもし、あのぅ……、ニャン友さんですか」
「はい、ニャン友です。猫のことで何かご相談ですか？」
「あの子たちを早く助けてあげてください……！」
ニャン友事務局には平均で1年に約400件、猫の飼育相談や保護依頼の電話がかかってきます（受けた相談の内容はすべて「相談シート」に記録しています）。相談や依頼の電話が1回も鳴らない日はありません。

個人の飼い主さんの家から、何らかの事情で飼えなくなったという飼い猫を「引き取る」ことも、保健所や動物愛護センターなどの収容施設から野良猫を「引き出す」こともありますが、さらに緊急を要するレスキュー（救出・保護）案件があります。

「一刻も早く助け出してあげないと、猫たちのいのちが危ない」というケースです。

気温マイナス10度以下に冷え込む北海道の山奥に捨てられて凍死しそうになっていたり、飼い主が自分のキャパシティを超えた数の猫を飼って適切な世話ができなくなる「多頭飼育崩壊」★が起こり、多数の猫が不衛生な室内に閉じ込められて放置されてしまったり……。

本来はできるだけ発生してほしくないレスキュー案件ですが、ニャン友ではひんぱんにレスキュー出動することがつづいています。極限状態にある猫のレスキュー要請が多いことが、ニャン友という団体の特徴のひとつかもしれません。

（上）積丹地域の港で、猫小屋が突然撤去され、猫たちが寒さに震えていた（下）冬季閉鎖される雪のオロフレ峠に取り残された猫

★多頭飼育崩壊：飼い主がペットの避妊・去勢手術を怠ったり無計画に保護をつづけたりして、ペットの数が増えすぎて世話をしきれなくなり、ペットの安全や健康が脅かされる事態に陥ること。

ニャン友は「ネットワーク的」で「アメーバ的」な団体

ニャン友は「ニャン友ねっとわーく北海道」という名称の通り、そもそもの成り立ちが、北海道で猫の保護活動をしている**個人活動家たちの横のつながりから生まれた「ネットワーク的」な団体**です。「トップが出す指令に従って、大勢のメンバーが動く」ようなピラミッド型ではなく、各メンバーが横につながって北海道全体に広がっているようなイメージ。道央エリア（札幌など）、道北エリア（旭川など）、道南エリア（函館・室蘭・日高・ルスツなど）、離島（天売《てうり》、利尻《りしり》）など、それぞれの地域で各メンバーが独自に機動的に活動しています。そして震災や多頭飼育崩壊など重大な事態が発生した場合は、地域を越えて多数のメンバーが集まり、大規模なレスキューや譲渡活動を協力して行っています。**時と場合に応じて各地の個人活動家たちがくっついたり離れたりする「アメーバ」のような組織**なのです。

もしもニャン友が、レスキューが必要な猫の情報を1カ所に集め、トップダウンで判断し指令を出すようなタイプの組織だったら、いまのように機動的な活動はとてもできていなかったでしょう。**各地のメンバーがそれぞれ独自に考え・動いている**からこそ、道内のあちこちで起こっている多頭飼育崩壊のように「猫のいのちを救うために一刻を争う」という状況にも、スピード感をもって対応できると思います。

猫を保護する際のプロセスとしては、たまたま捨て猫や迷い猫を見つけたのでなければ、通常は「猫が捕獲され、地域の保健所や動物愛護センターなどの施設に収容されてから、引き出す（引き取る）」という流れが、小さな動物愛護団体や個人の保護猫活動家にとって一般的だと思います。一度にたくさんの猫をシェルター（一時的な保護施設）などに収容してその後もお世話をつづけることは、設備や人手の面でも、エサ代や治療費などの資金面でも、負担が大きいからです。

しかし、猫が施設に収容されてから引き出し可能な状況になるまで、通常で数日、長いと2週間ほどかかります。迷子の猫ではないか、飼い主が探しに来ないかなどを確認するためですが、病気の猫や免疫力の弱い子猫の場合、この期間のうちに体調が急に悪化して、助からなくなってしまうことも多いのです。そのためニャン友はできる限り、**施設への「収容前」に猫をレスキュー・保護できるように努めていますが、それが可能なのは自前の大規模なシェルターを持つことができたから**ともいえます。

ＮＰＯ法人になった２０１６年まではシェルターがなく、メンバーがそれぞれの自宅で何匹も猫を預かっていました。私の場合は、ニャン友の事務所がわりにしていた本業の会社に猫のケージを10個置いていたため（自営だからできたことですね）、来客が「猫がこんなに!?」と目を丸くしていたものです。

２０１７年に現在のビルに引っ越して、やっと20匹分のケージを置けるシェルターができましたが、保護する数に対してまだまだスペースが足りませんでした。２０２１年、できるだけ多くの猫を保護できるシェルターづくりのため、クラウド・ファンディングでの資金集めに挑戦し、約１００匹までケージ管理をしながら収容できるシェルターをつくることができました（このときのクラファンには７００人以上の方にご支援をいただき、１００人以上の方が支援金を事務局まで持参してくださいました）。

大所帯になった分、家賃や光熱費などの金銭的な負担が大きくなってしまったという面もありますが、このような環境・設備を整えた現在のニャン友は、大規模レスキュー案件にも積極的に対応しています。

キャット・ラウンジから見たＩＣＵルーム。医療ケアが必要な子や体調が不安定な子たちのための場所。元気になったらラウンジへ

助けなくちゃいけないのは「猫」だけじゃない

大規模なレスキューが必要とされる現場は、レスキューに入るスタッフやボランティアにとって、体力的にも精神的にもハードな現場です。

猫にとって劣悪な環境は、飼い主の人間にとっても同じ。「汚部屋」や「ゴミ屋敷」としか言えないような住居に足を踏み入れれば、飼い主の生活の負の側面（貧困、心身の不調や病気、家族関係の問題など）まで直視することになります。「一体どうして、こんなひどい状況になるまで……」と、やりきれない気持ちになることもあります。

多頭飼育崩壊の場合、**飼い主が猫をきちんと飼育する責任を放棄してしまう**（**ネグレクト★**）だけでなく、そもそも**飼い主が自分の身体や身の回りのことに対して関心がなくなり、まともな日常生活を送れなくなっていること**（**セルフ・ネグレクト★**）が多いと考えられています。実際に、多頭飼育崩壊を起こした飼い主は「健康で文化的な最低限度の生活」とかけ離れた状況にあり、行政による福祉を必要とするケースが多いようです。

ニャン友の活動では、地域行政で動物を扱う機関（保健所など）や市町村の役所・役場の担当部署と連携することもよくあります。ですから、そうした機関に「福祉を受けている人の家に保護が必要な猫がいる」という情報が入ったら、捕獲・収容・殺処分になる前に「ニャン友さん、来てもらえますか？」と連絡を入れてもらえます。

逆に、ニャン友が猫のレスキューに入った家に、困窮して福祉的なケアや措置が必要な人がいたら、地域の包括支援センターや市町村の担当部署へ連絡を入れて情報をつなげるようにしています。

人と猫が同じ家に一緒に暮らしていたのなら、**「猫助け」と「人助け」はひとつながりで、決して切り離せないもの。**ニャン友ではそう思っています。

★ネグレクトとセルフ・ネグレクト：ネグレクトは「放棄」「放置」などを意味し、子ども、高齢者、ペットなどを世話・養育すべき責任を持つ人が責任を果たさず、その安全や健康を損なってしまうこと。セルフ・ネグレクトは、自分自身をネグレクトしている状態。自分の身体や生活について関心や意欲を失い、食事、入浴、着替え、掃除、洗濯、ゴミ捨てなどが充分にできなくなる。失業、病気、家族の死など、さまざまなきっかけで陥ると考えられている。

多頭飼育崩壊と大規模レスキューの現実《リアル》

ニャン友が発足した2012年から、いままでに行った多数のレスキュー活動のなかには「多頭飼育崩壊」現場での大規模レスキューも含まれています（すべてのレスキューの詳細を記録したニャン友ブログ★も読んでいただければ幸いです）。

「大規模レスキュー案件発生！　明日朝イチで、○○まで来られる人は？」

SNSなどで招集をかけると、動けるメンバーは「またか……」と大きくため息をつきながらも、大急ぎで打ち合わせをし、準備を整えて出動します。**少しでも早く現場に駆けつけられたら、その分、救えるいのちが増えるかもしれないから。**

レスキューが終わりしだい即座に着替えて廃棄するボロ服と古靴を身につけ（ゴミや糞尿の悪臭が染み付いていくら洗っても取れないので、服も靴も全部取り替えます）、現場では目を刺すような悪臭のなか、ゴミ山の下に隠れている猫を片っ端からつかみ出し、ケージに入れ、必要な手当てやケアをする。ひたすらその繰り返し。

作業中、現場のあまりにもひどい飼育環境にショックを受け、「猫がかわいそう」と泣きだしてしまう人もいます。そんなとき、ベテランメンバーは**「泣くな！　泣いたら手が止まる！」「泣くのは家に帰ってから！」**と叱咤激励します。そう言っているメンバー自身も、実際は涙や鼻水はダダ漏れ・流れっぱなしなのですが……（それでも、生きている子を一刻も早く救出するために、作業の手は決して止めません）。

大規模レスキューを必要とする多頭崩壊飼育が発生しないのがいちばんですが、残念ながら現実はそうではありません。ここでは、私たちニャン友が経験した事件のいくつかについてお話しし、そうした事態が起こらないようにするために必要なことを、一緒に考えていただけたらと思います。

レスキュー用の車いっぱいに、猫の捕獲機やケージなどを詰め込む

「史上最悪」「地獄絵図」と報道された多頭飼育崩壊

（札幌市北区・238匹）

全国で多発するペットの多頭飼育崩壊のなかでも、「史上最悪」規模の事件が、2020年3月、札幌市北区の一軒家で起こりました。全国的に報道されたので、記憶されている方も多いかもしれません。「地獄絵図」とセンセーショナルに報じる記事もありました。

札幌市の動物管理センターから「ニャン友さん、猫の保護に来られますか？」と電話が入り、その一軒家に向かいました。外から見ると、ごく普通の2階建ての民家でした。

飼い主の3人家族が家賃を滞納したため大家が訪れたところ、屋内に多数の猫がいることが発覚。明け渡しを求められて一家は退去しましたが、猫たちはみんな家に取り残されました。途方に暮れた大家が札幌市の動物管理センターに相談して猫の所有権を放棄し、センターからニャン友などの団体にレスキュー協力を求める連絡が入った……という経緯だったようです。

家に入ってみると、1階にはセンター職員がすでに清掃に入っていたそうで、まあまあ片付いていました。「ほとんどの猫はセンターに運ばれたんだな」とホッとしましたが、その安堵はすぐに消え失せます。2階に上がってドアを開けた瞬間、あまりにもひどい状態に、しばらく声も出ませんでした。

床板は猫の糞尿に覆われ、アンモニアの刺激臭で目を開けていられないほど。2〜3間の部屋にざっと数えても100匹以上がすし詰め状態で、やせ細った猫たちが身を寄せ合っていました。足元には糞尿に混じって、死んだ猫のものらしき白い骨や皮がいたるところに散乱していました。何匹分の遺骸があったのか、見当もつきません。

のどが渇いているのかおなかが空いているのか、鳴きながら寄ってくる子もいましたが、フードも飲み水もどこにも見当たりませんでした。いったんニャン友事務局に戻り、フード30キロと水40リットル

★ニャン友BLOG
https://nyantomo55.blog.fc2.com

を持ってきて与えると、あっという間に食べ尽くし、飲み尽くしました。この子たちは一体いつから、フードのひとかけ、水の一滴も与えられずに生きてきたのか……。涙が出ました。

2度目のレスキュー時には猫たちをおびえさせないように、大人数ではなく5人ごとに3チームを編成。「猫を捕まえてケージやキャリーケースに入れる」「捕まえた猫に番号や名前を付け、個々のデータを記録・管理する」「動物病院へ車で搬送する・避妊手術に立ち会う」など、分業することでスピーディーに作業を進めました。

最初に健康状態の悪い子とメス猫を捕獲。健康状態が悪い子のなかには、フードを自力で食べられず、点滴で栄養を取らなくてはいけない子もいました。メス猫を優先するのは、すでに妊娠している猫の出産に備え（大人のメスはほぼ全頭が妊娠していました）、まだ妊娠していない猫の避妊手術を急ぐためです。

猫を入れたキャリーケースを車に積み込み、動物病院に向かっている間にも、「子猫が生まれたよ」と病院にいる仲間から電話がありました。**こんな極限状況でも、新しいいのちが誕生するのです。**77グラムと90グラムの赤ちゃん猫でした。母猫はもう、他の飢えた猫に自分の子猫が食べられてしまうこともなく、自分も飢えることなく、安全に子育てができます。

この家で発見された238匹のうち、ニャン友が保護した猫は3月末までに47匹。この時点で収容しきれなかった猫たちは、家に留め置いてフードや水を与えて見守り、新たな預け先を確保したときや（預かりボランティアを志願してくれた人もいました）、先に保護した猫が譲渡されて収容スペースが空いた際に、捕獲・収容していきました。その後、6月までに**ニャン友が保護・収容した数は計71匹、すでに妊娠していたメス猫から生まれた子猫を加えると100匹以上に。**その他の猫たちは、札幌市の動物管理センターや他の動物愛護団体、個人の活動家に保護・収容されました。

この家にいた238匹の猫のほとんどは、最初に飼っていた10匹に避妊・去勢手術をしなかったため、同じ血統でどんどん交配が進んでしまった結果、生まれた子たち。病気や成長の遅れなど、近親交配による遺伝性疾患の可能性がありました。そのため、里親さんにもそのリスクと病気になったときの対応を説明し、了承をいただいた人にのみ譲渡をしましたが、**ほぼすべての子たちが、新しいお家に無事引き取られていきました。**

実は、すばると事務局内のハウスで同居している白猫ヘレンは、この家からレスキューされた子です。当初のひどい衰弱状態を脱し、いまはすっかり元気ですが、遺伝性の疾患で生まれつき耳が聞こえません。そのせいか鳴き声がガーガーと大きく、いつもすばるや周囲の人・猫をびっくりさせています。

糞尿だらけの家に、飢えてやせ細った大勢の猫たちがひしめいていた。この家から保護された白猫ヘレン（左下）も、当時はガリガリにやせ「おばあちゃん猫」と思われていた

ゴミ屋敷のゴミの下に隠されていたのは……

（美唄市・41匹）

2022年6月初旬、梅雨のない北海道の爽やかな初夏の夕方。「高齢者が孤独死した美唄《びばい》市の住宅で、猫の多頭飼育崩壊が発覚。緊急レスキューに入れる動物愛護団体は至急ご連絡ください」というメールが、ニャン友事務局に届きました。当時、別の多頭飼育崩壊のレスキューに着手したばかりで、ニャン友のシェルターは満杯でしたが、「猫の捕獲作業などにお手伝いが必要ですか？」と、発信元の役所に確認の電話をかけました。

その時点の情報では「その家にいた猫はすでにケージに入れられている」「地域の保健所が猫の受け入れを検討中で、個人ボランティアも受け入れを申し出てくれている」という話で「捕獲も収容もあまり大変ではなさそうだ」と思っていました。

しかし、その日のうちに現場の写真がメールで届き、室内の状態は想像よりずっとひどいこと、そして猫たちはその家の中で長期間ずっと、小さなキャリーや小さいケージに閉じ込められていたということがわかり、事態は一変します。

「一刻も早く行かなくちゃ！　猫たちは生きているの？」

状況がわからないことに焦りながらも、翌朝現地に入れる事務局メンバーやボランティアをＳＮＳで急募し、夜中までつづいた打ち合わせを経て、翌朝、計10人が現場の民家に入りました。

その家は、これまで見たことがないほどの圧倒的な「ゴミ屋敷」でした。

玄関のすぐ内側から、廊下、居室、台所と、**屋内のすべてのスペースに天井に届くような高さまで、ゴミの詰まったビニール袋が積み上がっていました。**亡くなった住人は、生活していれば必然的に発生する何年分、何十年分ものゴミを、まったく収集に出さず、家の中に溜め込んだのでしょうか。家の中におさまりきらず外にあふれ出しそうな、膨大な量のゴミでした。

最初のうちは、猫の姿をほとんど見かけませんでした。

「猫は、猫が入れられたケージはどこ？」

　バリケードのように積み上がったゴミ袋や古い布団を少しずつかき分けてどかしていくと、ゴミの片隅から金属のケージが少しだけ見えました。

「生きてる――！」

ケージをのぞきこんだメンバーが叫びました。ケージの中までゴミが詰まっていましたが、その脇には、猫の姿が。そして、たしかに生きています。おびえたような表情の猫と目が合いました。

「待ってて、すぐに出してあげるから。もう少しだけがんばってね」

「もしかして、この積み上がったゴミの下は、全部猫のケージなの……？」

「家じゅうのゴミを全部どかして、その下を確認しなくちゃ！」

　すべての部屋のゴミ袋を、玄関や窓から屋外に運び出す作業が始まりました。ゴミ袋を撤去すると、その下に敷かれていたのは、毛布やマットのようなぶ厚い布。めくるとあちこちにケージが姿を現し、そのケージのすべてに、１匹から数匹の猫が閉じ込められていました。

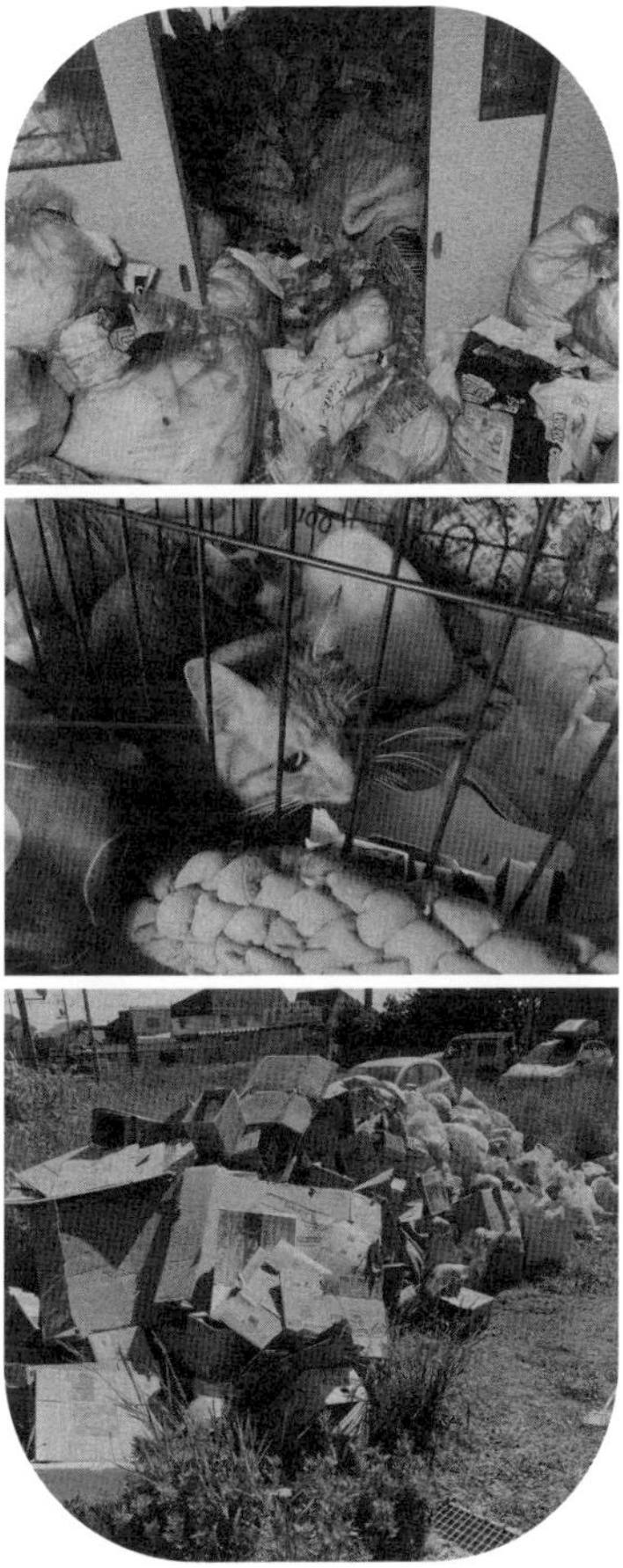

家を埋め尽くしていたゴミを撤去すると、部屋のあちこちから、猫たちが閉じ込められたケージが姿を現した。家の外に出されたゴミの山は、トラック数台分に

猫を閉じ込めたたくさんのケージを毛布やマットで覆い、その上にゴミ袋を山積みにしていたので、猫たちの姿がまったく見えなかったのです。

「一体、何のためにこんなことを?」とがく然としましたが、後日聞いた話では、最初は外で野良猫にエサをやっていた住人は、近所から苦情を受けて猫たちを家に入れたそうです。最初は猫たちをかわいそうに思っての行為だったのが、やがて避妊や去勢が追い付かず猫が繁殖して増えてしまい、誰にも助けを求めることなく、ひたすら猫をケージに押し込めて積み上げていたのでしょうか……。

夕方になり、レスキューを始めてからすでに6時間を超えていましたが、**誰も休憩しようとはしませんでした。猫たちが生きていられるギリギリの状態だと、皆わかっていたから**です。

レスキューした子たちにはすぐに水とフードを与え、車で動物病院に搬送。ほとんどの子が低血糖で動けず、骨と皮のようにやせ細っていました。口元にお皿を近づけると、まず水をたくさん飲み始めました。飼い主の高齢者が亡くなった約2週間前から飲まず食わずだったのでしょう。

搬送と同時並行で、まだゴミの山の下にいる子、糞尿だらけの押し入れの奥で動けなくなっている子のレスキューをつづけ、フードを自力で食べられない子は病院で点滴をしてもらいました。狭いキャリーの中で出産したメス猫もいたそうです(ママ猫も赤ちゃん猫も無事で、シェルターの育児室に入りました)。

見ず知らずの場所に移されてみんなおびえているので、保護当日は水とフードをあげるだけにして、「よくがんばったね。ゆっくり元気になろうね」と猫たちに声をかけ、暖かい場所で休んでもらいました。

当初聞いていた猫の頭数は20匹ほどでしたが、動物病院での健康チェックや治療後にニャン友のシェルターに入った子たちは、総勢41匹になりました。**実際の猫の数が事前に聞いていた数の少なくとも2倍以上になるのは、保護猫業界の「あるある」**です。

救えなかったいのちのこと

悲しいことですが、レスキューに入ったときに、すでに亡くなっている子たちを発見することもあります。そんなときも遺骸をそのまま放置してはおけないので、事務局まで連れ帰ります。またレスキュー時には生きていても、体調が回復せずにシェルターで亡くなる子もいます。そうした子たちは動物霊園で火葬・供養をされ、猫専用の小さな骨壺に入ってニャン友に戻ってきます。

ニャン友がお世話になっているペット専門の納骨堂もありますが、亡くなってすぐにそこに入れられるのは猫たちが寂しいだろうという気がして、レスキューされた子全員が里親さんに引き取られた後に、納骨堂に移すことにしています。それまでは仲間たちのいるシェルターか、事務局内の一角（仏壇のような、神棚のようなスペース）にいてもらいます。

多頭飼育崩壊現場のように、狭い場所に閉じ込められ、誰にも愛されることなく、飢えや渇きに苦しみながら虹の橋を渡った子たちには、毎日水やフードをお供えして声をかけます。

「お水もフードも好きなだけ食べて、好きなだけ自由に走り回っていいよ」

「ここでもう少し、仲間のみんなと一緒にいようね」

「今度生まれてくるときは、ニャン友みたいな保護団体のところには来ないで、まっすぐ、やさしい飼い主さんのもとに行くんだよ」。

新顔の保護猫が次から次へとやってくる日々で、里親に譲渡されて幸せになった子のことは結構忘れてしまうものですが、いのちを救えなかった子のことは、なぜか何年経っても絶対に忘れられません。

ニャン友から虹の橋を渡った子たちは、仲間が全員レスキューされ次第、動物霊園の納骨堂に。お花やお供えは絶やさない

多頭飼育崩壊は、ペットではなく人間の問題

多頭飼育崩壊とは、「飼い猫を増やしすぎて世話をしきれなくなり、猫の安全・健康を守れなくなってしまう」事態です。最初から多数の猫を飼っていたのではなく、もともと飼っていた数匹程度の猫を去勢・避妊せずにいたことで、数年で十数匹以上、時には数十匹に急増させてしまうケースが多いようです。当会がレスキューに関わった多頭飼育崩壊では、ペットショップから購入したときはつがい（2匹）だったラガマフィンが、近親交配を重ねて125匹（！）まで増えたということがありました。

きちんと**去勢・避妊をしていれば防ぐことができるはずの多頭飼育崩壊ですが、実は、猫好きな飼い主のもとで起きることが多い**のです。その原因は、飼い主の「猫の生殖能力」についての知識不足や、「去勢・避妊手術をするのはかわいそう」という誤解だと感じます。

猫を飼っていても意外と知らない人が多いようですが、次のページの表のように、猫は生殖・繁殖能力がとても高く、そのサイクルもとても速い動物です。子猫を産ませない場合、オスは生後4カ月まで、メスは生後6カ月前後で、去勢・避妊手術が必要になります。

メス猫の避妊手術は「1歳を過ぎて大人の猫になってから」「今回産まれた子猫の授乳が終わったら」では間に合わないのです。環境省の試算では、避妊していないメス猫がいて、そのメスが産んだ子猫も去勢・避妊しない場合、「**1年で20匹、2年で80匹、3年で2000匹以上**」**に増える**そうです。多頭飼育崩壊のケースでも、飼い主さんが「最初はオス・メス1匹ずつだけだったんだけど……」という例がたくさんあります。

ニャン友の大規模レスキューでは、保護した猫の月齢が生後半年以上で、健康状態に問題がなければ、搬送した動物病院ですぐに避妊手術をしてもらいます（状況によっては、レスキュー現場のそばに臨時の

猫はすぐに増えます

猫は生殖能力が高い動物。短期間で急速に増えます！

- 出生後4〜12カ月で出産可能になる（メスは発情、オスはマーキング行為をする）
- 猫は「交尾後に排卵」するため、交尾すればほぼ確実に受精・妊娠する
- メスは一度の妊娠で、複数のオスの子どもを妊娠できる
- 妊娠〜出産までは約2カ月。一度に4〜8匹の赤ちゃんを産む
- 出産後約2カ月で、次の妊娠が可能になる（年2〜4回の妊娠・出産が可能）

手術場所をつくり、獣医に来てもらって避妊手術をすることも）。そうでもしなければ、「妊娠している猫がどんどん増えてしまう」からなのです。

飼える当てや引き取り手がないのに、不幸な子猫をたくさん誕生させないために（生まれた子猫が、安全で快適な環境で育ててもらえないほうが、よっぽどかわいそうです）、飼い猫に適切な去勢・避妊手術をするのは、飼い主の義務です。

また、「**多頭飼育崩壊には、飼い主自身の問題（セルフ・ネグレクトなど）が関係していることが多い**と感じる」とお話ししましたが（P.65）、レスキュー活動をつづけるほど、多頭飼育崩壊という社会問題は、ペットの問題ではなく「人間の問題」だと思えてなりません。

札幌市で2019年に起きた、2歳の女児が母親と交際相手の男性から育児放棄・虐待を受け死亡した事件では、母親と女児が暮らしていた家から13匹、交際相手の男性の家から8匹と、多数の衰弱した猫が見つかりました。どちらの家も猫の糞尿で

ひどく汚れていたそうです。幼児への虐待や保護責任者遺棄と、猫の多頭飼育崩壊が同時に起こっていました。

ニャン友は、この事件で見つかった猫たちの保護に関わりました。飼育放棄され、体や耳に大量のダニが付いて、あばら骨が見えるほどやせ細り、通常の半分ほどの体重の猫がたくさんいました。猫もこんなにひどい状態なのに、同じ部屋に住んでいた小さな女の子は、一体どんな状態のまま放置されていたのか……。

多頭飼育崩壊を起こしてしまう飼い主は、自分の問題や不安、寂しさや孤独などから目を逸《そ》らすために、たくさんの猫たちに依存するのでしょう。もともと猫好きで、猫をかわいがっていた人ではあるのでしょうが、限度を超えるほどの数の猫を抱え込むと、ゴミを捨てられずに溜めこんで自宅をゴミ屋敷にしてしまうように、自分と猫の生活や健康を脅かすことになります。

大規模レスキューに入ったある家では、住人が「もう何年も、食事は玄関でしている」と言っていました。「リビングやキッチンで食べようとすると、飢えた猫たちに食べ物を奪われるから」と。**人間も猫も、そんな暮らしが幸せなはずはありません。**

こういった人は「アニマル・ホーダー」★と呼ばれ、精神的なケアが必要ともいわれています。ニャン友のような動物愛護団体だけでなく、行政による福祉や、場合によっては警察（動物愛護管理法違反となるため）とも連携して、対策に取り組んでいかなくてはいけないと思います。

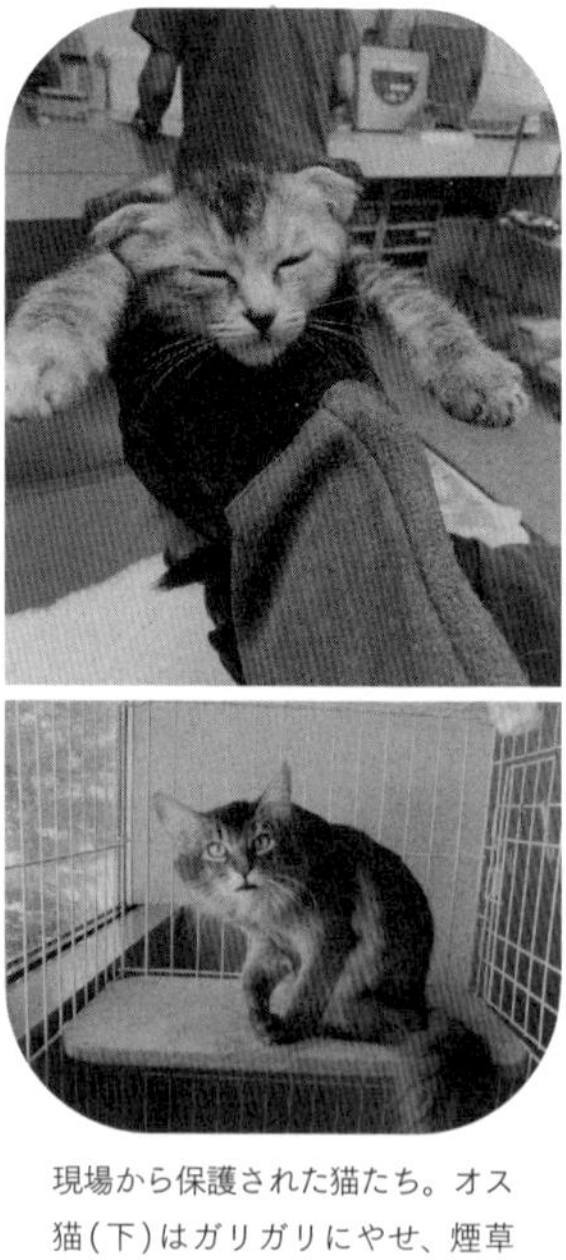

現場から保護された猫たち。オス猫（下）はガリガリにやせ、煙草を押し付けられた火傷跡もあった

ペットにも「幸せになる権利」と「嫌なことからの自由」がある

「いま飼っている猫を飼えなくなったので、引き取ってください」。

レスキューだけでなく引き取りを依頼する電話も結構かかってきますが、こういった**「自己都合」の飼い主に対するニャン友スタッフの対応は、率直に言って厳しめ**です。

「いまの住まいでは猫を飼えないから……」。

でも、進学や就職、子どもの誕生など、家族の状況に合わせて引っ越しするのはごく普通のことですよね。家族の一員と思ってペットを迎えたんじゃないんでしょうか？

「猫アレルギーだとわかったから」。

いまはアレルギー反応を抑える薬があります（花粉症と同じです）。ニャン友のメンバーやボランティアにも、アレルギーの薬を飲みながら、猫と暮らしつづけている人がいっぱいいます。

「単純にかわいいから」「ペットに癒されたい」などと自分自身の選択で生き物を飼い始めたのに、多少の都合が変わったからといって、大切ないのちであるペットを放り出そうとするような人には、ニャン友は甘い顔をすることはできません。

「都合が悪くなったら保護団体に頼めばいいんだ」などと安易に思う人は、動物と暮らすという選択を、最初からしないでください。たとえ衝動的だったにせよ、「一緒に暮らす」と決めたのであれば、その子が天寿をまっとうするまで責任を持ってください。

飼い猫をニャン友が引き受けるのは、飼い主さんにやむを得ない事情があり、さらに次のことをしっかり約束してくれる場合だけです。飼い主さん自身もニャン友と一緒に、次の里親さんが決まるまで、責任を持って猫たちのお世話をすること。猫たちの避妊・去勢手術の費用を負担すること。高齢の子や病気の子にも、最後の看取りまで関わること。

動物にも人間と同じようにいのちがあり、感覚も感情もあります。人間に飼われている動物が健康で

★アニマル・ホーダー（Animal Hoarder）：自分の飼育能力を超えた数の動物を飼い、手放すことができない人のこと。過剰多頭飼育者やアニマル・コレクターとも呼ばれる。無計画な自家繁殖や動物保護を繰り返し、動物の数を管理しきれないほど増やして動物のいのちや健康を危険にさらす行為で、動物虐待にあたる。周囲にも悪臭や害虫などの発生源となるなど悪影響を及ぼすが、本人は問題を自覚していないことが多く、国内外で社会問題となっている。

幸福であるようにすること（動物福祉と５つの自由）は、飼い主の義務であり責任です。その義務と責任を果たさずに、**人間が自分の都合や感情で気の向いたときだけかわいがることは、動物福祉や５つの自由の観点から許されません。**

こういった考え方や活動方針のために、ニャン友が「動物にはやさしく、人には厳しい」と批判されることがもしあっても、それは仕方ないかな……と考えています。

5つの自由

（環境省のHPを参考に作成）

人間に飼われている動物は、生きていくために必要な要求（基本的なニーズ）を自分の意志で満たすことができないため、飼い主には動物のニーズを満たし、以下の「5つの自由」を与え、できる限り快適に生活できるようにする義務と責任がある。

1.飢えと渇きからの自由

動物にとって食餌はとても大切です。動物の種類・年齢・健康状態に合った適切なフードを与えましょう。水は新鮮なものがいつでも飲めるようにしましょう。

2.痛み・ケガ・病気からの自由

ケガや病気の場合には適切な治療を受けさせましょう。日ごろから病気の予防を心掛け、健康状態をチェックしましょう。

3.不快からの自由

清潔・安全・快適な飼育場所を用意して、動物が快適にすごせるようにしましょう。

4.恐怖や抑圧からの自由

飼い主は動物が恐怖や抑圧を受けないように、また、精神的な苦痛や不安がない(その兆候を示さない)ように、的確な対応をとりましょう。

5.本来の行動ができる自由
（犬の散歩、猫の爪とぎなど）

飼い主は、それぞれの動物が本能や習性に合ったその動物本来の行動がとれるように工夫しましょう。

「飼い猫を手放す」という被災時のつらい選択

常に「猫ファースト」という方針・ポリシーで活動しているニャン友ですが、**「自分の都合でペットを手放そうとするのは人間のエゴイズム」という認識が、いつでもあてはまるわけではない**と痛感したこともあります。自然災害に遭い、「大事なペットを手放す」選択を強いられた人たちと出会ったときです。

2018年9月6日午前3時、最大震度7を記録した北海道胆振《いぶり》東部地震が発生。飼っていたペットでお困りの被災者をお手伝いするため、ニャン友は被災地の厚真町《あつまちょう》に入りました。

震源に近い厚真町などを中心に、約3000万立方メートルの土砂が流出する土砂災害（山崩れ・がけ崩れ、土石流）が起き、多数の民家が土砂にのみこまれました。44人が死亡、住宅の全半壊約2000棟、一部破損約1万2600棟と被害は甚大で、厚真町民ら約800人を含む1万6000人以上が、自宅を離れて仮設住宅などでの避難生活を強いられました。

また、地震直後に、道内ほぼ全域の295万戸が停電する、国内初のブラックアウト（全域停電）が起こりました。いまはニャン友の看板猫である「すばる」が、札幌市内の駐車場で自動車のエンジンルームにもぐり込んでしまい、大ケガの後に救出されたのは、このブラックアウトの翌朝のことです。

ニャン友事務局では、6日深夜の地震で散らかってしまったキャット・ラウンジを2日間で復旧して被災地に入る準備をし、3日後の9日、北海道獣医師会の獣医さん2人と一緒に車で現地に入りました。

あちこちで土砂に寸断されている道をたどって厚真町・安平《あびら》町の避難所11カ所を回り、**「動物より人間が優先だから」と言われながらも、「ペットでお困りのことがあればお手伝いします」というメッセージボードを設置。**ペットの飼い主さんがいれば、ニャン友のシェルターでペットを預かれることを伝え、ペットフードなどの物資を毎日お渡ししました。

地震直後の避難所にはペットと同行避難している人はほとんどなく、飼い主さんは壊れた自宅にペットを置いて避難所から世話に通ったり、自家用車でペットと車中泊をしたりしていたようです。

現地に来ていた獣医やアニマルレスキュー団体と協力し、自身も被災しながら多数のペットを無償で受け入れていた「ペットホテルＨＡＹＡ」（現在はアニマルトータルケアＨＡＹＡ）さんを拠点として、二次災害に遭わないように注意しながら土砂でつぶれかけた家に入ってペットを捕まえ、迷子のペットを探し、ケガをしている子・体調を崩している子を動物病院に搬送するお手伝いをしました（家につながるすべての公道が通行止めで、避難所に戻って地元の人に農道や山道を教えてもらい、出直したことも）。救出したものの飼い主が見当たらない子は札幌に連れ帰って治療やケアをし、譲渡会で新しい飼い主を探すことにしました。約90日間でレスキューした猫の数は70匹を超えました。

地震の６日後、「ヘリコプターで避難した際に、ヘリの音におびえて飼い猫が壊れた家の奥に逃げ込んでしまった」という方からレスキュー依頼があり、丸２日かけて猫２匹を無事に保護しました。ともに１歳の「キジにゃん」と「シャムにゃん」。飼い主の女性の家は倒壊し、**避難先では猫を飼うことができず、猫を手放す他に選択肢はありませんでした。**

ニャン友が猫たちの新しい里親を探すことになり、ケージに入った猫たちを札幌に連れ帰る前に、飼い主の女性のいる避難所に立ち寄って、猫たちに会ってもらいました。

「キジにゃん、シャムにゃん、飼ってあげられなくてごめんね……。これからどうなるかわからないの。お母さんを許してね、幸せになってね」。

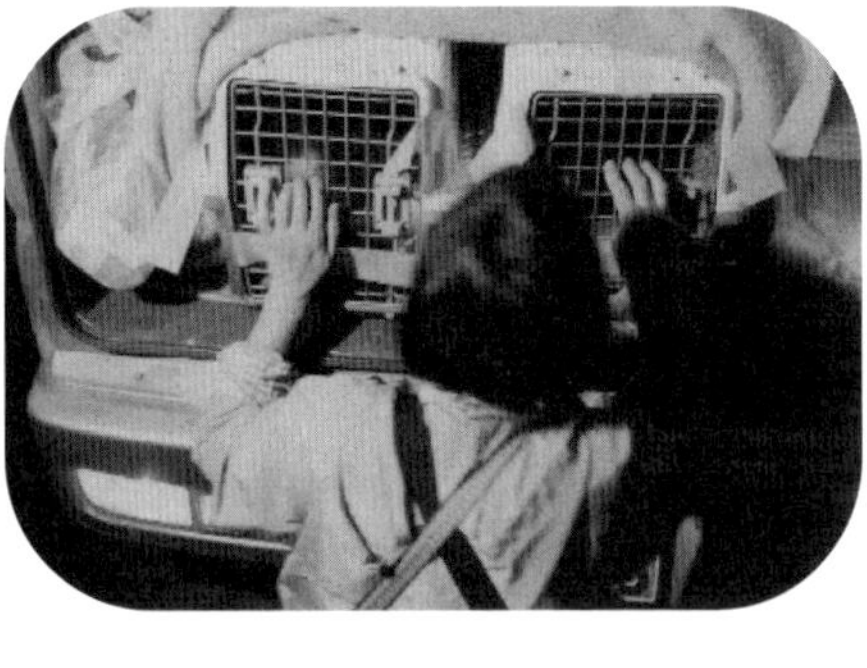
キジにゃんとシャムにゃんのケージにすがり、２匹に泣きながらお別れをする飼い主の女性

2018年9月6日に起きた北海道胆振東部地震。3日後に現地入りしたニャン友スタッフは、山崩れやがけ崩れなどで倒壊した家屋や、樹木などのがれきの下に捕獲機を設置し、地震で逃げてしまった飼い猫たちをレスキュー。被災者の救出作業をしていた男性に発見された三毛のチビ猫は、ニャン友でケアを受けた後、発見者の男性に「ぜひあの子をもらい受けたい」と望まれて譲渡された

突然予期せぬ形で、愛猫たちとの別れを強いられたキジにゃんとシャムにゃんのお母さんは、2匹のケージに取りすがり、最後まで泣いて謝っていました。

「必ずいい里親さんを見つけます。譲渡が決まったら報告します」。私たちはそう約束しました（その後、キジにゃんとシャムにゃんは、被災者の方たちを応援したいという里親さんに、2匹一緒に譲渡されました）。

災害時には、大事な家族であるペットとの一緒の生活が困難になるという現実があります。避難所には動物が怖いと感じる人も、猫アレルギーなどの人もいるため、建物内に別のペット部屋が設けられていても、ペットとの同行避難をためらうという飼い主さんが多いようです。

2022年8月、ニャン友は、北海道伊達《だて》市と災害時協定を結び、災害発生時に飼い主がペットと一緒にすごせる避難所を、連携・協力して運営することになりました。動物の種類に応じた場所の割り当てや必要物資などについて、ニャン友が市に提言することを想定しています。

飼い主とペットが一緒にすごせる場所があれば、不安になりがちな避難生活においても、お互いにとても安心できるはず。このような地方自治体と動物保護団体の共同の取り組みが、全国で推進されることを願っています。

ニャン友も、人間とペットの両方にやさしい避難所の実現に向けて、これからもがんばっていきます。

4章

いのちのバトンを手渡す

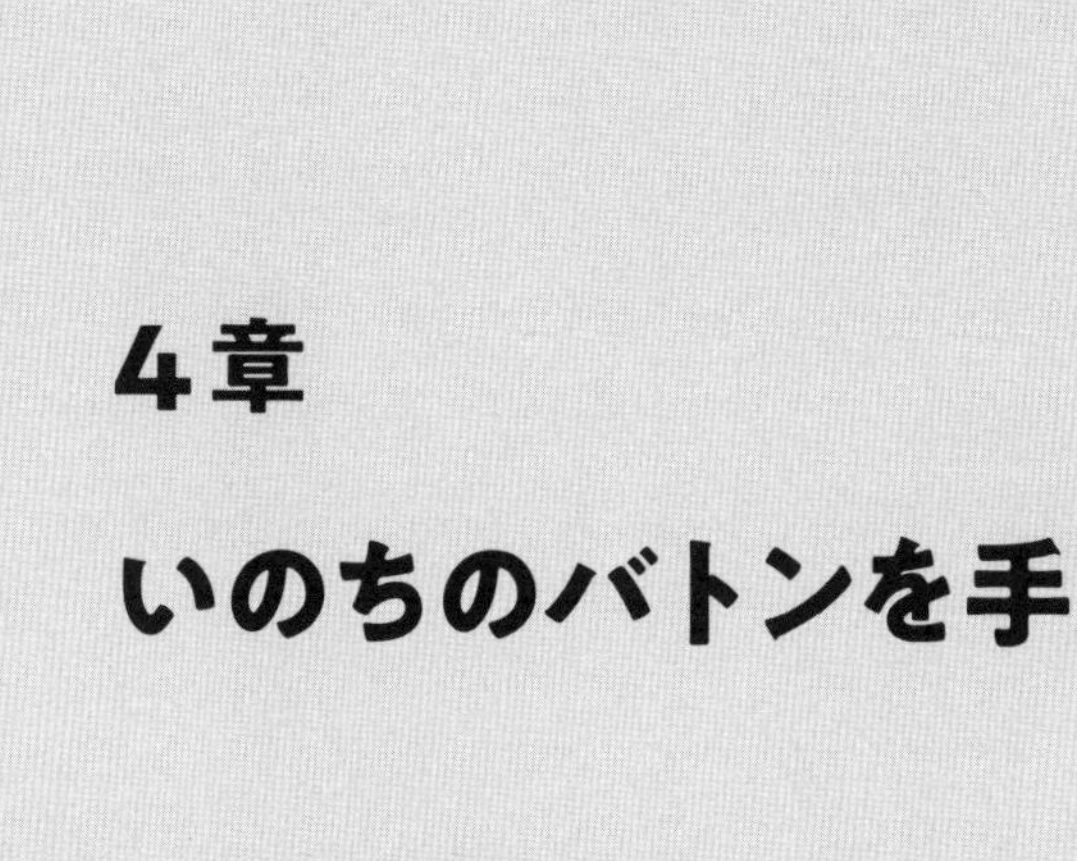

いのちを「ずっとの家族」につなぐ

ニャン友の活動内容には、大きく分けると「川の上流」での活動と「下流」での活動があります。

上流での活動とは、「いま以上に不幸な猫が増えないようにする」ための活動。猫を飼っている飼い主さんやこれから猫を飼いたい人に、去勢・避妊手術や適正な飼育について伝える啓発活動などです。

下流での活動とは、「いま過酷な生活をしている猫を救い上げて、幸せになってもらう」ための活動。野良猫など飼い主のいない猫を保護（レスキュー）し、必要なケア・治療、人馴れ訓練などをして、「新しい飼い主さんに譲渡する」活動です。この章では譲渡活動についてお話しします。

冬の寒さが厳しい北海道では、TNR★された猫が、地域猫としてずっと屋外で生きていくことは最善ではありません（シェルターに入りきらない子たちを、一時的な地域猫として、地域でお世話してもらうことはありますが、最終的には保護と譲渡を目指しています）。

また、大勢の猫と一緒に、シェルターにずっといることも猫にとってストレスが多く、幸せな生活とはいえないのでは……と思っています。

ですからニャン友では、**保護した子たちを「譲渡」につなげることを、最終的な目標＝ゴール**だと考えています。

ケアと治療は初動が肝心

保護した猫がニャン友のシェルターに連れてこられたら、まずは個別にデータ管理できるように名前（保護名）を付けることから始まります。多頭飼育崩壊のレスキューで一度に大勢やって来るときは、名前を考えるのもひと苦労……。くじら、イルカ、オルカ（海の哺乳類《ほにゅう》シリーズ）、ウィル、キアヌ、デップ（ハリウッド俳優シリーズ）など、数を稼ぐために（笑）、シリーズものにすることも多いです。

そして体重を計ったら、健康状態をチェックします。全頭に寄生虫の検査をし、目ヤニ、鼻水、くしゃ

★TNR：Trap・Neuter・Return（トラップ・ニューター・リターン）を略した用語で、捕獲器などで野良猫を捕獲（Trap）し、去勢・避妊手術（Neuter）を行い、元の場所に戻す（Return）こと。飼い主のいない猫たちを地域で世話をしてかわいがり、その場所で一生をまっとうさせようという活動で、「地域猫」活動ともいう。

みなどがひどい子には感染症の検査もします。感染症は絶対にニャン友の内部に持ち込まないようにしないと、次から次へと感染が広がり、すでにシェルターで保護している猫たちのいのちまで危険にさらすことになってしまうからです。抵抗力が落ちている子や、まだ小さくワクチン未接種の子猫が感染症にかかれば、重症化するリスクがあります。そういった最悪の事態を避けるため、ラウンジ内の徹底的な消毒や隔離には細心の注意を払っています。

その他、体調の悪そうな子には、血液検査（腎臓の状態や貧血のチェック）も行います。病気などの症状があれば、まずは動物病院でその基礎治療。体調が充分に回復してから、感染症を予防する混合ワクチンの接種、去勢・避妊手術、マイクロチップ★の挿入などを行います。

多頭飼育崩壊現場からレスキューされた子たちは、長い間充分な水やフードももらえず、ぎりぎりの状況で生きてきたので、ほとんどがひどい栄養状態です。また、**レスキューから１週間くらい経つと緊張がゆるむからか、元気そうだった子も、体調がガクッと悪くなることがほとんど**なので、注意深く見守らなくてはいけません。他の子たちから隔離し、時間をかけて健康回復のためのケアをつづけ、体調回復を目指します。

ウィル（左）、キアヌ（右）、デップ。FIP（猫伝染性腹膜炎）から回復して元気になった

★マイクロチップ：ペットの犬や猫用の個体識別札で、迷子になった際や災害などの際に役立つ。動物病院などで犬や猫の首裏の皮下に注射して装着する。動物愛護管理法に基づき、飼い主はペットの犬猫にマイクロチップを装着する努力義務がある（2022年6月〜）。

「家猫修行」は、結構タイヘン！

猫の体調が回復して元気が戻ったら、新しい家族探しにつなげる次のステップに移ります。

飼い猫として人間と暮らすために必要なのは、人を威嚇したり攻撃したりせず、友好的な態度をとれること。そのように猫を人に馴らすことを「馴化《じゅんか》」と言います。**猫目線で「家猫修行」**とも言われますね。

人に飼われていた猫であれば問題ありませんが、生まれてから一度も飼われたことのない猫の場合、家猫修行は大変です。外の生活で生き延びるために、人間をふくむ他の動物を警戒し、ときには「敵」とみなしてきたはず。猫がその認識を一変させて**「人間は怖くない」「信頼しても大丈夫」と感じられるようになるまでは、相応の時間と段階が必要**です。

人馴れしていない猫は、基本的にケージ内で生活させ（そのほうが猫にとっても落ち着けます）、メンバーや預かりボランティア（預かりボラ）の自宅、またはニャン友のシェルターでお世話をし、徐々に人に馴らしていきます。猛獣のようにシャーシャー威嚇する猫を手なずけるのが得意なベテランボランティアもいます（P.100コラム参照）。毎日お世話していると、最初はキバをむいて威嚇していた猫も、人間の顔を見て「ニャーン」と鳴いてごはんをおねだりしたり、「なでて」「遊んで」と甘えたりすることができるようになります。

ときには、保健所や動物愛護センターに収容された猫が**「狂暴すぎてお手上げだが、ニャン友さんなら何とかできるかも……」**という連絡が入ることがあります。噛み癖がひどすぎる（皮膚に穴が開いて出血するほど強く噛んでしまう）など、人間を激しく攻撃してしまう猫は、保健所や動物愛護センターでは「狂暴につき譲渡不可」と判断され、そのままだと殺処分になってしまいます。それはかわいそうだと問題の猫を託してくれた、保健所の職員さんは、以前からニャン友のブログで、猛獣猫が人馴れして

※ニャン友では「狂暴」とされた猫をたくさん保護してきましたが、その多くは理由なく人間を攻撃するのではなく、恐怖やパニックによる防衛本能の表れとして、人間を攻撃してしまう子たちでした（てんかんの発作で攻撃してくる猫など、例外はあります）。こういう子たちの場合、攻撃のスイッチとなる恐怖やトラウマの対象が何なのかを観察して明らかにし、その対象を避けることと、その対象に遭遇してパニックになっても攻撃を回避するパターンを見つけることが必要です。

いくプロセスを読んでくれていたそうです。

　ニャン友の「猛獣担当」の預かりボラの手にかかれば、かなりの猛獣猫も2週間くらいで人馴れし、一般的な〝シャー猫〟に変わります。

「うちに回ってくるのは難しい子が多いねえ……」と仲間内で苦笑することもありますが、**あやうく殺処分されそうになっていた子が（そこそこ）人なつこくなり、里親さんに譲渡されて幸せそうに暮らしている**お便りや画像が届くと、これ以上うれしいことはありません。

　茶トラのオス・金太郎は、猫の叫び声や人間のかん高い声（歓声など）でパニックになり攻撃してくる猫でしたが、パニックになり飛びかかってきたら「猫じゃらしを振って追いかけさせ、その猫じゃらしを個室に投げ入れ、猫じゃらしを追って金太郎が個室に入ったら、ドアを閉めて30分ほど放置」で、落ち着くことがわかりました※。その後は、静かな環境の里親さん宅に譲渡され、いままで3年以上パニックを起こさず暮らしています。

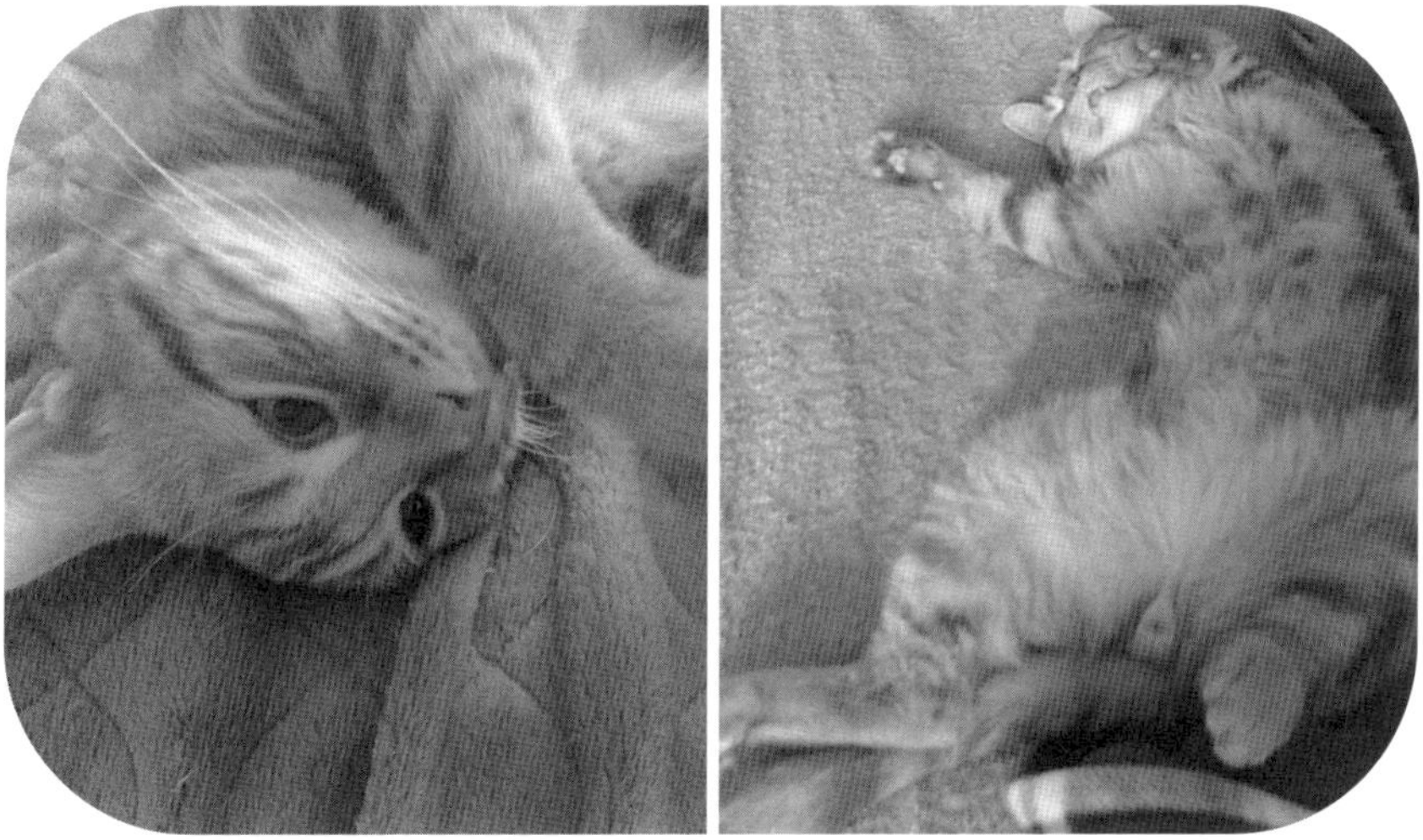

アメリカンショートヘアの金太郎は、パニックで人を噛み「狂暴」とみなされ、前の飼い主から保健所に送られた。いまはずっとの家族と幸せに暮らす

猫も人もドキドキ、ご縁をつなぐ譲渡会

保護猫たちがいるのは、ニャン友事務局が入っているビルの3階と4階。

4階にいるのは保護されて間もない子が多く、体調が不安定だったり、人（猫）見知りすぎたりと、まだまだ譲渡は難しい状態の子たち。体調が整って**元気になり、人にも他の猫にも慣れてきたら、3階のキャット・ラウンジに下りて、里親を募集（譲渡会デビュー）する**ことになります。（譲渡会以外に、ブログやSNSで見た猫への譲渡の申し込みもあります。その場合は、希望者の方に猫とお見合いをしてもらいます）。

ニャン友のキャット・ホーム・ラウンジは、猫たちが自分のケージから出て、自由に遊んだり走り回ったりできる広いスペース。猫と里親候補の人たちが出会う「譲渡会」の場所でもあります。

譲渡会とは「飼い主さん募集中の猫」と「猫を飼いたい里親さん候補の人」のお見合いのようなもの。ニャン友では**譲渡会を、人と猫がお互いに幸せな生活を送るためのスタートライン**と考え、年間約100回とひんぱんに譲渡会を開催し、年間600〜700匹もの猫を譲渡しています。保護猫たちが「ずっとの家族」（里親さん）に譲渡されるのはその子にとって何よりの幸せですし、譲渡になる子が増えればシェルターに空きが出て、新たに保護できる猫の数も増えるので、とにかくたくさん開催することにこだわっています。

譲渡会は、ニャン友のキャット・ラウンジや、保護猫スペースのある店舗、ニャン友の活動に協力いただけるギャラリーなどでの小規模なもの（参加頭数は20〜40匹くらい、来場者は数十人から百人くらい）から、ホームセンターや大学祭の会場など大規模なもの（参加頭数は50匹くらい、来場者は数百人から千人以上）まで、規模はいろいろ。ここ数年は予約制とし、一度に会場に入れる人数に制限を設け、1組30分くらいかけて、ケージの猫たちをゆっくり見ら

れるようにしています。

猫が疲れてしまうので、譲渡希望者がいても抱っこさせるようなことはしません。それでも譲渡会に出るだけで猫も消耗するようで、譲渡会を終えてニャン友に帰ってきた子たちは、いかにも「はあ〜疲れた」という顔をしています）。

文吉くん（ぶんきち）
6才ぐらい。
やさしいやさしい男の子です。
子ねこのお世話大好きな
イクメンです

譲渡会の様子。里親募集中の猫やチャリティバザーのオリジナル猫グッズに、どの来場者も興味津々。猫を紹介するPOPには、その猫の性格や特徴をしっかり記載

譲渡会は大体3～4時間で、ニャン友メンバーは短時間で猫たちをアピールします。「それぞれの猫のいいところやチャームポイントをお伝えしたい！」と、内心ではみんな前のめりなのですが、「決して**猫の押しつけになってはいけない**」「**コミュニケーションが大事**」**ということを念頭に置いて対応**。特定の子が気になっていそうな人に気付いても、グイグイと推していくのではなく、あくまでもさり気なく声をかけるようにしています。

ときには「前の飼い猫を看取ったばかりで、新しい子を迎えることにはまだ罪悪感があるのですが……」などと、ご自分や猫のことを話してくれる人もいます。私自身にも経験がありますが、愛猫を亡くした人は、毛色や目の色などが似た子をつい探してしまうこともよくあります（その子と同じ存在は決していないことはわかっているものの……）。

その猫に直感的に惹かれた、インスピレーションを感じたと言って、譲渡を申し込まれる人もいます。あるときの譲渡会で、ケージの中の子猫を見たお母さんと娘さんが、急に泣き出したことがありました。20歳まで育てたオッドアイ★の白猫を看取った後で、この日の譲渡会でケージにいたオッドアイの白い子猫を見つけたとたん、想いがこみ上げてきたそうです。この一家は本州から北海道に来たばかりだったそうで、不思議なご縁を感じました。

譲渡会では、**人間が猫を選ぶというより、猫の側が飼い主を選んでいるように感じる**ことが結構あります。いつもシャーシャーと人を威嚇していた子が、来場者さんを見て「ニャアン」と呼ぶようなこともあって、そんなときに、「猫が『この人の家に行く』って決めたんだなあ」と思うのです。

「ずっとのご縁」は慎重に見極めます

譲渡会で「この子がいい！」と申し込みがあると、「〇〇（猫の名前）、よかったねえ」と私たちも大喜び。ただし、**ひとめぼれだけでは譲渡はできません。**譲渡のお申込みを受けたら、ニャン友メンバーがヒアリング（面談）をして、「生活環境とライフスタイル」

★オッドアイ：生まれつき、左右の眼の色が違うこと。

「同居家族の有無」「猫の飼育経験」などをお尋ねします。猫の医療費は高額になることもあるので、お仕事もおうかがいすることがあります（ヒアリングした個人情報は厳しく管理しています）。

ヒアリング後には、複数のニャン友メンバーによる審査も控えています。また、1匹の猫に複数の譲渡希望者がいたら、その子の預かりボラにも意見を聞きます。

譲渡するかどうかを決めるのは、猫とその人の相性が一番ですが、**ヒアリング内容から譲渡をしないという判断に至る場合も、残念ながらあります。**

例えば、体調が急変しやすく寂しがり屋の猫は、1匹だけですごす時間（留守番）が長くなりがちなひとり暮らしのお宅には向きません（在宅勤務ができる場合は別）。逆にツンデレで神経質な子は、猫を構いすぎてしまいそうなお宅よりも、留守番が長くなっても、飼い主さんがゆっくり気長に関係を築いてくれるお宅のほうが向いています。

譲渡の条件

ニャン友では、以下のお約束を守ってくださる方に、猫を譲渡しています。

- 責任をもって終生飼育すること
- 飼育について家族全員の同意があること
- ペット飼育可の住居での「完全室内飼い」を徹底すること
- 脱走防止策（窓や玄関に柵を設置するなど）を徹底すること
- 病気やケガの際、動物病院で適切な医療を受けさせること
- 去勢・避妊手術、ワクチン完了時のご報告（ニャン友で未施術の子猫の場合）
- 約束した医療行為を受けさせて「元気だよ」のご報告（初年度）
- 以上の内容の譲渡誓約書への署名と捺印、公的身分証明書の提示
- 「飼い主負担金」（譲渡までにかかった医療費など）のご負担（応相談）

里親さんになっていただくには、その人がいのちに最後まで責任を持てるかどうか、そしてその猫の性格や性質に合わせてくれる気持ちがあるかどうかが、とても大切だと思っています。

シニア（60歳以上）の方の場合は、病気や入院などで猫の世話ができなくなる事態に備えて、飼育の後継者をあらかじめ指定していただくことを譲渡の条件としています。

以前は、高齢の方への猫の譲渡を見合わせるという方針を採っていたこともあります。飼い主の不慮の死で猫が自宅に取り残されるのは、飼い主にとっても猫にとっても不幸だからです（ニャン友は、そういった家へのレスキューを何度も経験しています）。

しかし、本来「高齢になったら猫を飼ってはダメ」ということはなく、末長く安心して猫を飼える環境をつくれたら問題はないのです。そのため、後継者の指定に加え、長生きしつつ安心して動物たちと暮らせる社会を目指して、高齢の方が存命のうちから関わるサービスを、地域の福祉課や包括支援センターと現在検討中です。

譲渡会にはときどき、非常識な人や要注意人物が現れることもあります。「繁殖用のオスを探しにきた」などと言う人、保護猫を集めてネットフリマなどで売ろうとする人、考えたくもありませんが、虐待が目的の人も。そうした人物の情報は、絶対に猫を譲渡してはいけないブラックリストとして、複数の保護活動団体の間で共有されています。

猫を屋外に出すことがある人も、ニャン友では譲渡不可としています。完全室内飼いにすれば、猫は屋内の生活にストレスを感じません。しかし「ずっと家の中にいると退屈しそう」などと飼い主が誤解して**一度でも猫を外に出すと、猫はそこを自分のテリトリー（なわばり）と認識し、見回りのために脱走しやすくなります。**そして何かの理由（車や犬などに驚いてパニックになるなど）で、家に戻れなくなってしまうリスクもあるからです。

「トライアル」でお互いの相性を確かめて

譲渡誓約書を交わしたら、次は**「トライアル」。猫が里親さんのお宅で、家族と仲良く暮らしていけるかどうかを確かめる、「お試し期間」的なプロセス**です。

譲渡が決まり次第、その場で猫を里親さんにお渡しする団体もあるようですが、ニャン友では、猫を里親希望の人の家まで送り届けるのがポリシーです。お届けの際に、猫が暮らしていく生活環境を見せていただき、ヒアリングでお聞きした内容と相違がないかどうかを確認します。

もしも、お聞きした内容通りでない場合は（脱走予防の柵がドアや窓に設置されていないなど）、猫をお渡しすることはせず、ニャン友に連れ帰ることもあります。

トライアルはすべてのケースでうまくいくわけではなく、残念ながら猫が出戻りになってしまうこともあります。

人間のほうに問題が発生することもありますが（家族がひどい猫アレルギーを発症してしまうなど）、比較的多いのは、里親さん宅の先住猫とうまくいかなかったというパターン。3日以上一緒に生活し、どちらかの猫（または2匹とも）がストレスからごはんを食べなくなったり、尿や便をしなくなったりするような場合は、トライアル中止となります。先住猫と新入り猫が派手な（流血するような）ケンカを止めない、先住猫がケージや家の2階に引きこもってしまうなどの場合も、譲渡はあきらめます。

保護猫に幸せになってもらうのが私たちの願いですが、そのために、その家に元々いた子が不幸になってしまうことは望みません。

1匹でトライアルに行ったけれど、他の猫が恋しくて夜鳴きが止まなかった子は、ニャン友に戻されて、2匹以上飼えるお宅への譲渡を目指すことになりました（その後、2匹セットで譲渡されて幸せになりました）。

出戻り猫がニャン友に帰ってきたときの様子は、猫によってそれぞれ。「は〜、今回の修行はキツかった〜」とホッとしたような顔の子もいれば、「1匹だけでかわいがってもらえると思ったのに〜」と落ち込み顔の子もいます。迎える猫たちも、「え、もう帰ってきたの？」と意外そうな子、「せっかくボスになれたのに……（元ボスが戻ってきたら、また2位に転落か）」とガッカリ顔の子と、いろいろです。ニャン友というなじみの場所を卒業するのは、猫にとっても、それなりに大変なことのようです。

　トライアルで「大丈夫そう」と判断されて無事に譲渡完了となると、ニャン友一同お祝いムード。譲渡まで時間がかかり、長期間ニャン友にいた子が譲渡完了になれば、みんな、うれし涙を隠せません（打ち上げなどでお酒が入れば、ほぼ確実に……）。

　譲渡されてニャン友を卒業した子たちは、表情が別猫《べつじん》のように穏やかに変わります。新しい飼い主さんからの「幸せ報告」メールに添付された画像を見て、「これ、誰だっけ？」と思うこともよくあるほど。

　また、猫を譲渡して数カ月後にそのお宅に様子を見に行くと、私たちのことをすっかり忘れて、飼い主さんの背後や物陰に隠れたり、出てこなかったりします。

　猫は薄情？　いいえ、それでいいんです。「つらかったことや保護されたこと、私たちボランティアのことなんか、みんな忘れて幸せになればいいからね」って、そんなときは思います。

仲良しのあずき（右）、南（中央）、シェル。
3匹揃って同じ家に譲渡された

どんな子にも、幸せになるチャンスがある

ニャン友では保護した猫たちの約95％を譲渡していますが、残りの約5％ほどは、疾患や障がい、老齢などで譲渡が難しい子たちです。そういった子たちと暮らすには、投薬や食事・排泄の介助などに慣れている必要があるので、譲渡は同様の猫と暮らした経験、または理解がある方にとしています。病気や障がいのある猫を終生飼育する「かぎしっぽハウス」（2022年7月〜）や、ニャン友のメンバーや預かりボラの家で暮らしている子たちもいます。

障がいのある子は医療費がかさみ、年をとると普通の子よりお世話が大変になりますが、私たちは「育てやすい子」だけが「いい子」だとは思っていません。どんな子もみんないい子です。そして**どの子にも、「ずっとのお家」で家族と暮らして幸せになるチャンスはあります。**

また、猫がいま元気で健康でも、将来病気やケガをする可能性がないわけではありません。**猫を引き取りたいという方は、その子がもしも大きな病気やケガをすることがあっても、まるごと受け入れるという覚悟を持って、申し込みをしていただきたい**です。

へその緒がついたまま河川敷に捨てられていたところを保護され、北斗と七星《ななせ》と名付けられたキジトラ兄弟は、てんかんの発作を起こし、先天的な脳の障がいで立つことができず、自力での排泄も困難と判明しました。発作を抑えるため毎日の投薬や、朝晩おなかを圧迫して排尿させる介助も必要で、最初に受診した動物病院では安楽死を勧められました。それでも、ニャン友メンバーのブログで保護経緯を読み「この子たちは愛されるために生まれてきた！」と確信した里親さんが、2匹が寿命をまっとうするまで自宅で愛情深く育ててくれました。里親さんは「障がいは不便だとは思うけど、かわいそうとは思いません。不便な点は助けてあげればいいだけ。障がいは2匹の個性のひとつ」「かわいい2匹との

生活はとても楽しくて、幸せにしてもらったのは私のほう」と言ってくれました（北斗と七星の里親になった「山田ママ」さんは、その後、かぎしっぽハウスの専任者になりました）。**障がいのある子への飼い主さんの想いや絆は、本当に強い**と感じます。

ニャン友の看板猫として事務局内で生活しているすばるも、ルームメイトの白猫ヘレンも、障がいはありますが、決して「かわいそう」ではありません。救出時の手術で両足を失ったものの、その後ずっと人間に助けられお世話されてきたすばるは、人間大好きで天真爛漫。「ぼくを見て」「構って」「ほめて」という王子様気質で（「ビビり」ではありますが）、ラウンジの見回り役とアイドルを務めています。

先天的に耳が聞こえないヘレンは、多頭崩壊現場から保護されたときには、ワクチン接種も避妊手術もできないほどにやせこけ、衰弱していました。いまでは体重も増えて元気になり、先住猫のすばるに対して、なぜかお姉さんか女王様のようにふるまっています※。

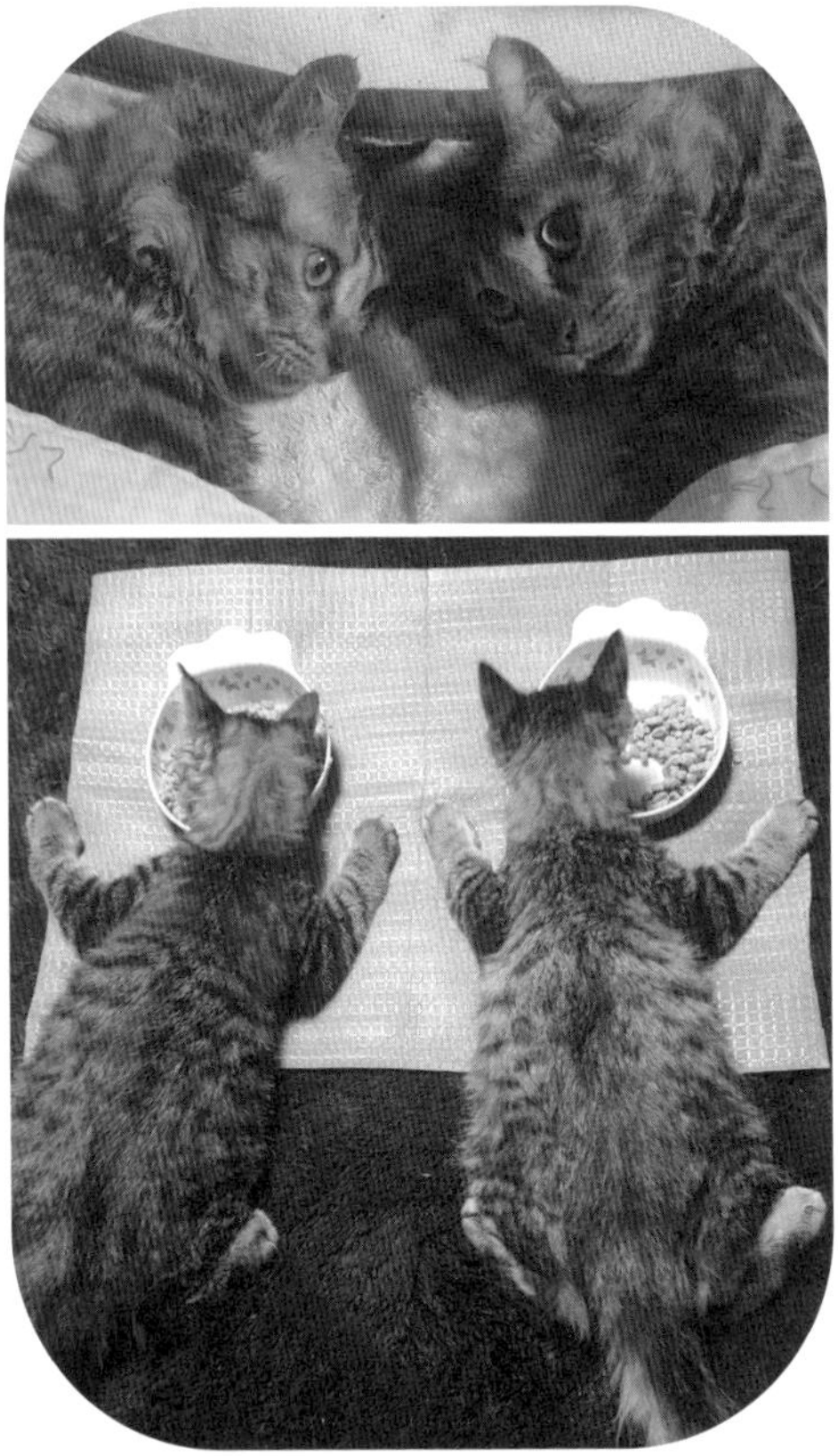

障がいがあった兄弟猫の北斗（左）と七星。いつも2匹で寄り添っていた

☆北斗七星は希望の星☆（「山田ママ」さんのブログ）
https://ameblo.jp/avatazu/

※ニャン友で3年暮らしたヘレンも、ついに「ずっとのお家」に譲渡が決まりました（2023年4月）。

世代を越えてつながる「想い」と活動

レスキューと譲渡に終わりはなく、公的機関からの依頼や個人からの相談も毎日のように入ります。活動にゴールがまったく見えない現実に、いつもエネルギッシュな私たちニャン友メンバーも、落ち込むことがないわけではありません（ハードな現場のレスキュー後などは特に……）。

ですが、活動をつづける励みになるようなこともあります。ある年の秋、ニャン友の保護猫の里親になってくれたご家族のお嬢さん（Sさん）が、中学校の弁論大会で保護猫活動をテーマに発表をしてくれました。その概要を以下にご紹介します。「八万回の仕方ない」というタイトルでした。

これを読んだとき、**私たち動物愛護団体の活動の未来に、大きくて明るい光が射したように感じた**ことを覚えています。

「八万回の仕方ない」

我が家の大切な飼い猫は、外で衰弱していたところをニャン友にレスキューされた保護猫です。保護されたときは目の病気で失明寸前だったということを、預かりボラだったMさんから聞き、苦しんでいる野良猫たちがたくさんいる現状に危機感を覚えました。

Mさんに教わった猫の保護活動の存在は、まだ一般社会にあまり浸透していません。猫の殺処分数はおよそ八万頭。各地で保護団体が活動していますが、猫は繁殖力が強いため、殺処分はなかなかなくなりません。まずは殺処分の現実、Mさんのような保護活動のボランティア、そして保護活動について理解を広めていくことが必要です。

猫は、そのいのちを捨てられるために生まれてきたわけではありません。保護活動への理解がより深まる未来で、人から猫への贈り物が、「死」から「生きる道」へ変わるように――。

いつか「殺処分ゼロ」の境界線を超えた先には、猫と私たちの幸せが広がっているはずです。

タイトルの「八万」という数字は、2014年に日本全国で1年間に殺処分されていた猫の数です。2020年には約2万頭に減少しましたが、「殺処分ゼロまでは、まだこんなにもある」、依然として大きな数字だと私たちは思っています★。それでも、Sさんのような**若い世代が私たちと同じ想いを持ってくれることに、うれしさと希望を感じます。**

当時、ニャン友で預かりボラをしてくれていたMさんは、獣医学部の学生さんでした。学業と預かり活動を両立して、20匹以上の保護猫たちを里親さんに送り出し、その後、国家試験に合格。現在は獣医として、動物たちを救うための臨床経験を重ねています。

そして2022年の早春、Sさんからもうれしいお便りが届きました。保護猫を通じてMさんと知り合ったことをきっかけに、「自分も猫たちのいのちを救える道に進みたい」と考えるようになり、獣医を目指して受験勉強を頑張っていたこと、そして志望する大学に合格したことがつづられていました。

私たちの活動は限定的なもの。しかしその想いが世代を越えてつながり、少しずつでも社会に理解と協力の輪を広げていけたら、猫と人間の幸せを実現した未来は遠くないはず……。その希望も、日々の活動の原動力になっています。

この「八万回の仕方ない」というタイトルは、私にとってニャン友の活動の本質を改めて問いかける、重いものでした（Sさんにはそんな意図はなかったと思いますが……）。このタイトルを見て「そうだよ、だから私たちは、『仕方ない』なんて、絶対に言っちゃいけないんだ」と痛感したものです。

「猫たちのために」と動けば動くほど、胸が締め付けられるようなことにたくさん直面します。すべての猫を助けることはできないことはわかっています。でも幼い子猫やケガをした子、生きる場所を失った子をそのまま置いてくることはできません。

消えていきそうないのちに対して、見ないふりをすることはできません。「死んでもいい」いのちなんて、1匹もいないから。

★環境省の統計資料「犬・猫の引取り及び負傷動物等の収容並びに処分の状況」によると、猫の殺処分数は2014年度に7万9745頭、2020年度1万9705頭。

人間の「仕方ない……」で、どれだけの動物のいのちが消えていったのでしょう。

ハッピーなことばかりではないこの社会で、「仕方がない」と思うことはたくさんあります。でも、**いのちに関して「仕方がない」と思うことの危うさに、気付いてもらいたい**のです。

ニャン友の写真展で掲示した「八万回の仕方ない」のパネル。いまは事務局に飾られている

私たちニャン友は、いのちと関わっている団体です。いのちの重さを天秤にかけたり軽んじたりして「仕方ない」などと決して言わず、1匹1匹助けながら、道を切り開いていくだけ。

そうやって、今日も、これからも、地道に活動をつづけていこうと思います。

コラム

「シャー猫専門」の預かりさんに聞きました

ニャン友など複数の団体で預かりボラをしているｋａｙｏｋｏさん。「猛獣猫を家猫修行させるなら彼女にお任せ」と信頼されるベテランさんに、預かりボラのリアルを教えていただきました。

kayokoさん（画像は愛猫）
●預かりボラ歴：約9年（2013年ごろから）
●預かった（送り出した）猫の数：約150匹（元保護猫の自分の飼い猫を含む）
●ブログ（いえねこ修行）https://blog.goo.ne.jp/kayoko_nya-

Q 「シャー猫」または「猛獣猫」を馴らすうえで大事なことは？

A 猫のキャラ（性格、好きなことや嫌いなことなど）をつかむことですね。あと、捕獲や爪切りの技術も必要です。

Q 逆に「シャー猫」に対してしてはいけないことは？

A 猫に「こうなってほしい」という自分の理想を押し付けること。猫によって性格や人間との距離感はさまざまで、全員が「人に馴れる＝ベタ甘になる」ではありません。人に対して多少距離があっても、逃げたり隠れたりしなければ人馴れしているという考え方もあります。

保護猫はペットショップの猫と違って、多かれ少なかれ怖いことを経験した子たちです。その怖さを乗り越えて、猫もがんばって少しずつ人に歩み寄ってきていたら（態度が逆戻りしていなければ）充分。そこをわかってあげるのが重要です。

Q これまで預かった保護猫で、特に印象的だったのは？

A リキという子。見た目はボス猫系なのに超ビビりで、過呼吸が完全になくなるまで1カ月くらいかかりました。

パニックになると部屋を荒らし、早朝に窓の枠を外して逃亡しそうになったことも。その後は落ち着いたいい子になり、譲渡されました。

Q 預かりボラで大変だったエピソードは？

A 人間の留守中に猫が水道の蛇口をいじってしまい、帰宅したら床が水浸しになっていて、床板を全面張り替える羽目になったことです……。

Q 馴れた子を譲渡するときはどんな気持ちですか？

A その子が里親さん宅にしっかり馴染むまでは落ち着きませんが、里親さんがその子を「かわいい」と受け入れてくれて譲渡完了となると、ひたすらうれしく、基本的にバンザイ一択です。

Q 距離が縮まらない子には、どう接したらいいですか？

A　とにかく、いろいろな方法を試してみて、その子の性格や好みを見つけるようにします。

●「おさわり」では、体のいろいろな場所をなでてみる（のど、頭、背中、お尻など）。「素手で触られるのは嫌いだけど、猫じゃらしやブラシなどでゴシゴシされるのは好き」という子もいるので、いろいろなものでなでて反応を見る。お互いの妥協点を見つけて歩み寄れたらOK。

●「人間は苦手でも他の猫は好き」な子もいます。猫が好きな子の場合は、仲良しの（人に馴れた）猫を同じケージに投入すると、人間にも心を開くきっかけになることがあります。

●ケージの置き場所を移動してみる。ケージの場所を変えただけで、急になついた子もいました。

●ひたすら怒っている子には、とにかく何でもやってみて、一番ましな反応を示すのはどんなときかを観察します。少しでも「怒り度」が減るような接し方があったら、それを集中的にやってみる。例えば、液状おやつをなめている間はシャーシャーという威嚇行動が少し減るのなら、おやつをなめさせながらおさわりしていく、など。

　また、シャーシャーする場合も「人を怖がっているのか」「人を見下しているのか」「トラウマがあるのか」など、原因によって採るべき対応は異なります。怖がっている子にはゆっくりやさしく接し、人を下僕のように見下している女王様タイプには、何度も（無理やりでも）抱っこして「人間には勝てないよ～（笑）」と教え、トラウマがある子には怖いものを遠ざけて（落ち着いてから少しずつ慣れさせる）、恐怖心を薄めていきます。

Q 預かりボラを始めたい人へ、メッセージをお願いします。

A　せっかく保護されたのに、人馴れしていないせいで、里親さんが見つからない猫が大勢います。私の役割は、そんな子を少しでも人に馴れさせ、個性を引き出し、譲渡の可能性を広げること。

　私自身が単純にシャー猫が好きなこともありますが（笑）、強面の荒れた性格の子が、自分の手でどんどん変わっていくのが楽しく、自分の磨いた原石（猫）の魅力が、他の人に見出されるのが喜びです。

　保護施設に長期間収容されている子が卒業すれば、新しい子が入ることができます。

　里親さんでも、預かりボラとしてでも、「人馴れ訓練」に手を上げてくれる人が、少しでも増えたらいいなと願っています。

ボランティア

5章

同じ生き物として、ともに生きていく

座談会　猫、人間、動物……〝いのち〟について語り合う

坂東 元さん　(ばんどう げん／旭山動物園 園長)

北海道旭川市出身。1986年に獣医として旭山動物園に入園、2009年から園長。ホッキョクグマやアザラシが自由に泳ぎ回る水槽や「もぐもぐタイム」などの行動展示を実践し、同動物園を全国的な人気動物園に導いた。マレーシアでの象などの野生生物の保護活動にも関わっている。自宅に２匹の猫がいる。

竹中 康進さん　(たけなか やすのり／環境省 自然保護官)

奈良県橿原市出身。各地の国立公園などで自然保護官(レンジャー)を歴任。2014～2019年の天売島レンジャー時代、海鳥と野良猫両方の保護を呼びかけ「天売猫」活動のプラットフォームを構築。現在は屋久島自然保護官事務所で、屋久島国立公園や世界自然遺産の管理を担当。学生時代からのアウトドア派。

勝田 珠美　(かつた たまみ／NPO法人「ニャン友ねっとわーく北海道」代表)

北海道釧路市出身。2006年、愛猫の看取り後に野良猫を保護したことがきっかけで猫の保護活動を開始。2012年同団体結成、2016年ＮＰＯ法人化。約200人のメンバーやボランティアとともに精力的に活動を続けている。本業は工業デザインやクラフトデザインを手がける会社の社長。ジャズイベントのプロデューサーとしての一面も。

広い北海道を縦横に駆けめぐって活動するニャン友ねっとわーく北海道。ニャン友単独の活動だけでなく、他の団体（地方自治体、官公庁、NPOなど）との、共同プロジェクトとしての活動も増えています＊1。

旭山動物園・園長の坂東元さん、環境省の自然保護官（レンジャー）の竹中康進さんも、そうしたプロジェクトの「天売《てうり》猫」活動で知り合い、生き物たちのために一緒に働いた〝同志〟。久々にオンライン座談会で顔を合わせた3人が、生き物全般の〝いのち〟について、じっくり語り合いました。

「天売猫」活動って？

「天売猫」活動とは、天売島の希少な海鳥にとってリスクとされた約300匹の野良猫を、殺処分せずにすべて捕獲して人に馴らし、島外の里親に譲渡した活動です。

上・天売島。海岸の断崖にウミガラスが飛来し巣をつくる　下右・天然記念物のウミガラス（オロロン鳥）　下左・島には約300匹の野良猫が。厳寒の冬は生存が厳しかった
（画像提供／北海道海鳥センター）

天売島は、北海道の北西側に位置する人口約260人（2023年現在）の小さな島ですが、約100万羽もの海鳥が繁殖のために飛来します。この貴重な海鳥の繁殖地となる島の断崖は、天然記念物や国定公園、鳥獣保護区などに指定されています。

しかし、1960年代には約8000羽いたウミガラス（オロロン鳥）が2000年ごろには30羽以下に激減し、1980年代には約3万羽いたウミネコも1000羽以下に減ってしまいました。

島で増えていた野良猫がその要因の1つと考えられ＊2、また島民の生活にも、野良猫のふん尿や水揚げした魚を横取りされるなどの被害がありました。

野良猫自身にとっても、冬の寒さが厳しい天売島の野外は生存しやすい環境ではありません。

そのため、環境省・北海道・羽幌《はぼう》町・北海道獣医師会・猫の保護団体らがタッグを組み、2014年に「人と海鳥と猫が共生する天売島」連絡協議会を発足。

約300匹の野良猫を本格的に捕獲し、不妊手術やケガ・病気の手当てを行い、人馴れ（馴化）させてからインターネットや譲渡会で「天売猫」と紹介し、里親（新しい飼い主）を募集して譲渡しました。

「ニャン友ねっとわーく北海道」も保護団体の一員として、約130匹の馴化から里親探し、譲渡活動を担いました。

現在、野良猫の影響を受けていたとされるウミネコの生息数も増加し、ウミガラスの飛来数や巣立ちヒナ数も、2021年は過去21年間で最多となっています。

＊1
道央の伊達市とニャン友ねっとわーく北海道が協定を結び（2022年8月）、地震などの災害が起きた際、飼い主がペットと一緒にすごせる避難所を、共に運営することとした。伊達市では、ペットの種類に応じた避難場所の割り当てや必要な物資などについて、ニャン友からアドバイスを受け、今後、ペットと一緒にすごせる避難所の場所の選定を進めていく予定。

＊2
海鳥が減少した要因としては野良猫だけでなく、カラスやドブネズミなど天敵の増加、餌の減少など、複数の要因があると考えられている。また猫による被害を受けた海鳥は、崖の上で繁殖を行うウミガラスではなく、野良猫が近づきやすい場所で繁殖を行うウミネコやウトウなどとみられる。

野良猫も海鳥も人も不幸にしない
～「天売猫」活動で気付いたこと

勝田　私たちニャン友も参加した2014年からの「天売猫」活動は、環境省の竹中さん、旭山動物園の坂東さんと知り合えた貴重な経験でもありました。本日はオンラインではありますが、久々に集まれてうれしいです。**「猫と人が、どうしたら一緒に幸せに生きていけるか」について、改めてお2人の考えをうかがい、話し合いたい**と思っています。

2014年ごろの天売島では、天然記念物であるウミガラスやウトウなどの海鳥が激減して絶滅寸前になり、「野良猫が海鳥の卵やヒナを食い殺している」と考えられて、殺処分されそうになっていました。そんななか、天売島のレンジャーだった竹中さんに**「野生の猫って人に馴れますか？」「島の野良猫が殺処分されないように、一緒に取り組めませんか」**というお電話をいただいたのが最初でしたね。当時は**「環境省のお役人が野良猫のことを気にかけてくれるなんて」**と驚きました。海鳥を守るのが任務の環境省は、野良猫を「排除すべき害獣」とみなしているのでは、と思っていましたから（笑）。

竹中　そうでしたね。ただし天売島での野良猫対策の取り組み自体は、私が赴任してから急に始めたわけではなく、地域には、ずっと前から「なんとかしないと」という問題意識がありました。1992年ごろから、野良猫の避妊・去勢手術、海鳥繁殖地への電気柵の設置などが行われ、また住民説明会などを経て、2012年に猫の適正飼育を促す条例をつくり、避妊や去勢に加えてマイクロチップの挿入など、野良猫を

1

2

増やさず海鳥を保護するために対策を行っていました。それらを経て、14年秋から本格的に野良猫の捕獲、人馴れ、譲渡という、いわゆる「天売猫活動」を開始したという経緯です。

勝田　坂東園長は、保護して人馴れさせた「天売猫」の譲渡会や講演会を旭山動物園で開催し、また園からのさまざまな情報発信が、マスコミや社会の注目を集めるきっかけになりました。坂東さんのことも、「天売猫」活動に一緒に取り組んだ「同志」だと思っています。

坂東　私も勝田さんと知り合うまで、「動物愛護団体の人って押しが強くて怖いのかな」と想像していましたけど（笑）、目指していることは一緒なんだと思いましたね。

海鳥の保護に関しては、羽幌町（天売島のある地方自治体）の町長もうちまで相談に来て「もう野良猫を殺処分すればいいという時代じゃない。譲渡などで島から出さないと」と言っていましたが、私は動物愛護とは別の観点から「海鳥と野良猫、どちらにも中立的な見方をしなければ」と思っていました。**海鳥の保護も大事だけど、野良猫の存在そのものが悪いわけじゃない。**野良猫と同様に人が持ち込んだドブネズミが海

（上から）ニャン友の天売猫譲渡会（2015年4月）／天売猫のシンポジウムと譲渡会（16年2月）／旭山動物園での「天売猫のおはなし会と譲渡会」（16年3月）

1 ボランティアが捕獲機を設置し、野良猫を捕獲　2 捕獲された野良猫は、海鳥センターや預かりボランティア宅などで人馴れ訓練　3 人に馴れた猫は、里親を募集するため譲渡会へ

（画像提供／「人と海鳥と猫が共生する天売島」連絡協議会）
https://teuri-neko.net

鳥のヒナを食べているのも事実で、野良猫がいないと島のドブネズミが駆除されないという面もある。人間だけでは制御しきれない、さまざまな生き物のバランスというものがある、というのが私の持論です。

竹中　私たち3人は、それぞれバックグラウンドや目的意識がちがいます。天売島でも、環境省としての目的は「海鳥を守る」、ニャン友さんなど動物愛護団体は「野良猫を殺処分しないで保護する」、羽幌町は「人（住民）の生活に悪影響を出さない」と、それぞれメインの目的は異なりました。しかし、**どれか1つの目的を実現するために、それ以外の目的を犠牲にすることがあってはならない**と思います。

勝田　私自身も「天売猫」活動でお2人や他のメンバーと関わるうち、自分たち動物愛護団体の考え方や活動の偏りに気付きました。私たちはどうしても猫の保護を第一に考える面がありますが、猫の周りにいる人たちの気持ちや愛着も考えなくちゃいけないな、と。地域の人の考え方もそれぞれです。**猫の保護活動は地域ぐるみでやらなくては**と痛感し、その後の活動では、地域の中にどっぷり入るようになりました。

天売猫のケージを動物保護団体の車に積み込む竹中さん

右・天売猫2匹を羽幌町の副町長（当時）から受け取る坂東さん　左・旭山動物園のSNSでも里親を募集。2匹とも現在は里親宅の飼い猫に

Tweet
旭川市旭山動物園［公式］
@asahiyamazoo1
『猫の日』まだまだ続きます！
こちらはこども牧場で暮らすネコの『ひじき』
天売島で野良猫として暮らしていましたが、海鳥を守るために保護され、その活動を伝えるために旭山動物園にやって来ました。
#旭山動物園 #asahiyamazoo
#ネコ #ひじき
#猫の日
#にゃんにゃんにゃんの日

竹中　地域といえば、「天売猫」活動は、予想外に島の観光振興にもつながりました。猫の預かり、飼い馴らし、譲渡で関わったボランティアが天売島に関心を持って旅行に来るようになるなど、**「天売猫」がきっかけで地域内外のつながりができた。「天売猫まつり」**＊3**という、島民と保護猫ボランティアがともに関わることができるイベントも開催**して、楽しかったですね。

坂東　先日、天売島に立ち寄ったら海鳥が多くて、海沿いの道路を車で走りにくいくらいでした。一方、島で見かけたのは大人の猫5～6匹で、子猫はゼロ。というこ

園内で開催された「天売猫のおはなし会」

2匹は「チロル」「ひじき」と名付けられて園内のこども牧場で馴化へ

＊3
「天売猫」活動について島民などに知ってもらうためのイベントで、取り組みの紹介、縁日や猫雑貨の販売、子ども向けクイズなど、島民も旅行客も楽しめるプログラムを企画・実施。2017年～19年の7月に開催（2020～22年は新型コロナウイルスの流行により中止）。2023年は開催の予定。

とは、海鳥の繁殖促進と野良猫の繁殖抑制という取り組みの成果があったんでしょう。ネズミの数は調査をつづけているそうですね＊4。

竹中　いまは外を歩いている野良猫はほとんどいませんし、ウミネコなどの海鳥もかなり増えています＊5。

坂東　捕獲直後の野良猫はシャーシャー威嚇していましたが、**やっぱりイエネコはイエネコで、ニャン友さんのところなどで馴らされると、ずいぶん人になつくんだなと感心しました。**

勝田　うちのメンバーには、どんな「シャー猫」も「ベタ馴れ猫」に変えられる凄腕が、何人もいますから（笑）。

坂東　天売島の猫は、いわゆる日本猫かどうかわからないけど、丸顔でお尻もプリンとしていてカギしっぽで、かわいいんだよなあ。

竹中　天売島で坂東さんにお会いすると、仕事というより趣味の延長のような雰囲気だなあと思っていましたが（笑）、天売島と

上・毛を逆立て、イカ耳で威嚇する「てうりん」（保護直後の仮名）　下・すっかり人に馴れ、なでられて喉を鳴らす、てうりん。その後、里親に譲渡された

＊4
天売島では、ドブネズミの数のモニタリングと併せて、猫に頼らないドブネズミ対策として、公共施設等での捕獲作業の実施や、島民へのワナの貸し出しを行っている。

＊5
2021年はウミガラスの飛来数（91羽）・巣立ちヒナ数（25羽）ともに、2001年からの21年間で最多。（「天売島におけるウミガラスの繁殖結果について」環境省北海道地方環境事務所）

天売の猫が大好きなんだと、よくわかりました。

野良猫と環境 〜「守る」べきものは何？

坂東 ネズミといえば、うちの園で天売猫の譲渡会をやったときも、「ネズミ捕りができる猫ならぜひもらいたいんだけど」という農家からの問い合わせは多かったですね。畑や牛舎にはネズミがいて作物や飼料を食べてしまうけど、猫がいればネズミを捕ってくれるということで、すごく役に立っている。いまは飼い猫のほとんどがお座敷猫で、ネズミを見て逃げるような猫もいるそうですが、都会の伴侶動物としての猫だけではなく、使役動物としての側面を持つ猫もいるのです。

勝田 ネズミを捕れる猫はうちの保護猫にいくらでもいますから、欲しいなら言ってくれたら……冗談ですが（笑）。先日も、農家が離農して置き去りにされてしまった猫を70匹以上、徐々に保護しています＊6。以前は、猫の安全と幸せのために「完全室内飼いにすべき」と考えていましたが、すべての猫を保護して家に入れたら猫たちは幸せかといえば、それはちがうだろうし、**外で仕事をする猫や地域猫など、猫の飼い方はひとつではない**と考えが変わりました。ただし、その猫に責任をもつ誰かがちゃんといることが条件です。離農するからといって猫を置き去りにするのは論外ですが、**地域猫の場合も、地域が責任をもつことになっているのに、実際にはいつまでも責任の所在があやふやなのが問題**だと思います。地域から苦情が出たときも、責任をもってしっかり管理し、そこで猫がずっと生きられるようにしてほしいです。

＊6
2022年3月、北海道岩見沢市郊外の北村地区における、多頭飼育崩壊現場へのレスキュー。周辺の酪農家が次々に離農する際、避妊去勢をしていない猫を置き去りにしたため、約80匹まで増えてしまっていた。約20匹がどうしても捕まらないという相談を受け、残りの猫たちをレスキューし、ニャン友がすべての猫の医療的ケア・譲渡活動も行っている。

竹中　私は天売島を担当したあと、沖縄県の西表島《いりおもて》（竹富町）に3年半赴任していました。西表島では、イリオモテヤマネコをノネコ（野良猫）の伝染病や交雑から守るため、2000年ごろから地域・行政、専門家、獣医が連携して天売島のような取り組みを進めていった結果、いまではノネコがほぼいなくなりました。また、猫の飼育についての条例も2022年4月に改正し、飼い猫全頭へのマイクロチップ装着や猫エイズなどの感染症の検査の義務化などを厳しく定めています＊7。

2021年、西表島と一緒に世界自然遺産になった沖縄本島北部、奄美大島、徳之島でも、天然記念物のヤンバルクイナやアマミノクロウサギを襲うノネコが問題になっていて対策が行われていますが、唯一、西表島だけが、ノネコの問題は生じていません。

竹富町は、条例の範囲を西表島から拡大して他の島にも適用しようとしています。ただし畜産の盛んな島ではたいてい牛舎に放し飼いの猫がいるなど、島民に猫の飼い方についての意識を変えてもらうのは簡単ではありません。南の島は冬の寒さが厳しい北海道と違って外でも猫が生きていけることもあり、責任を持って猫を飼うという意識が希薄な傾向がありますが、**マイクロチップの普及啓発もふくめ、「自分の猫だ」という責任をもって、ちゃんと管理することが必要**だと思います。

坂東　野良猫問題は、その場所の地域性によるところが大きいんじゃないかな。北海道ではヒグマが人間の居住地域にかなり入り込んできていて、ベアドッグ（熊を追い払う犬）のように、あくまでも人の生活圏を守るという視点で、イヌやネコなど生き物

＊7　沖縄県八重山郡《やえやま》竹富町（西表島など16の島からなる）が、猫の飼育について厳しく定めた「竹富町猫飼養条例」。

の力を借りることも考えるべきという局面になっています。野良猫をふくめ、その生き物が地域にいることのメリットとデメリットを、生態学的なこともふまえて考えていかないといけない。人間の福祉観や倫理観だけでこういった問題を考えても、解決は難しい。もっと普遍的に、「生き物同士のバランス」という新しい概念を使っていかないと、と思います。

アメリカのシカゴでは、野良猫がいなくなりドブネズミによる被害が増えたので、ネズミ駆除のために地域猫として野良猫を街に放すという取り組みをやっているそうです＊8。いろいろな発想があり得ますよ。

竹中　環境省の立場としては「現地の自然環境が変わってしまうのはNG」というのが大前提です。特に離島という外部から閉じた特殊な生態系では、外から入り込んだ野良猫は在来種にとって非常に大きなリスクになります。極寒の冬を越せない天売島の野良猫とちがい、**南の島では数が増える一方でどうしようもなくなってしまいます。**野良猫などをしっかり管理して、自然環境に問題が起こらないような取り組みを推進していくことが私たちの使命です。

イリオモテヤマネコ（画像提供/環境省 西表野生生物保護センター）

＊8
アメリカ・シカゴにおける、地域猫によるネズミ駆除の取り組み。（ツリー・ハウス・ヒューメイン・ソサエティ）

Cats at work program/Tree house humane society

https://treehouseanimals.org

ただし誤解してはいけないのは、西表島のイリオモテヤマネコや天売島のウミガラスなど、**絶滅危惧種や天然記念物だけが大切なのではない**、ということですね。野生、自然にはさまざまな生き物がたくさんいて、つながっている。大切なのはその生態系全体です。イリオモテヤマネコは昆虫、鳥、トカゲ、魚などさまざまなものを食べているから西表島で生きていくことができる。そういう〝多様な生き物がつながっている西表島〟がすばらしいのであって、ヤマネコというひとつの生き物だけが特別にすばらしいのではないということです。

坂東　「絶滅危惧種は守らないと」と考えがちだけど、**そもそも普通種をちゃんと守っていけたら、絶滅が危惧される種にはならない**わけですからね。絶滅危惧種にしてしまったのは人間のせいなのに、その点を勘ちがいしがち。

歴史的に先進国の動物園はアフリカなどから連れてきた希少種の動物を展示してきましたが、うち（旭山動物園）にはすごく珍しい動物はいなくて、逆にスズメやカラスなど、地元や里山の身近な生き物を育てて展示しているのが特徴です。それでもたくさんのお客様が来てくれるのは、珍しさとは別のものを感じてくれているからだろうと思うんです。

保護犬もいるし、地元農家の協力を得てニワトリも豚も展示しています。汚い場所を「豚小屋」なんてよく言うけど、豚は実はすごくきれい好きな動物であることを知り、それが自分たち人間の食べ物になっていることにも気付く。動物園はいろいろなことに気付いてもらう場でもあると思っています。**人間は日常のなかで、自然との接点を持たないといけない**。「守るべき自然は、こちら側ではなくて境界の向こう側にある」

（画像提供／旭山動物園）

2018年から旭山動物園で飼育している豚の「ゆず」と「うめ」

＊9　フランスではペットショップのショーケースでの犬猫の生体販売を、2024年1月1日から禁止する法案を可決。犬や猫を飼いたい人は、認証を受けたブリーダーからの正規取引、保護団体などからの引き取りのみ

という感覚は問題だと思います。
　とはいえ、もちろんみんなが西表島に行けばいいというわけにはいきません。動物園が、ワンクッション置いた自然への玄関口、野生動物と人間の架け橋になれるのではないかと思います。

すべて人間の都合？

坂東　動物園は「預かった命にどう興味を持ってもらうか」ということがテーマですが、**日本では生き物への興味が「かわいい」「珍しい」などともてはやして忘れ去る一過性のブームに陥りやすく、ボタンを掛けちがいやすい**と思います。動物園には、そうした問題に気付く場としての役割もある。

勝田　犬猫の特定の品種のブームや希少種志向には、ペット市場における需要と供給の影響もあるでしょう。欲しいという人がいるから繁殖が行われるわけで……。でも、安易に品種改良を行うのは絶対にダメです。スコティッシュフォールドという品種は人気ですが、折れ耳の両親を交配して生まれた折れ耳の子は、骨や軟骨の形成異常や関節炎になりやすく、かわいそうだし治療も大変です。その子自身も飼い主も、不幸になってしまう。

坂東　**いまはペットショップでのペット流通をやめる過渡期かもしれません**ね＊9。もともと、無理に繁殖させてきた面も大きいでしょう＊10。動物の交配も避妊・去勢も、あくまで人間の都合です。
　最近アメリカなどでは、野良猫の繁殖を抑えつつ、オス・メスとしての本能や社会性を残す方法として、性ホルモンをなくす従来の避妊・去勢ではなく、性ホルモンを残せるパイプカット（精管切除）などの方法も選ばれているそうです＊11。

となる。またペットの購入者には、飼育責任に関する誓約書類の提出が義務付けられる。

＊10
坂東さんは著書で、近年流行しているトイプードルやミニチュアダックスフントなど小型（ドワーフ）化した犬種や、劣性遺伝による目の色（青）や毛色（マーブル）などを生み出すために、繁殖業者によって近親交配が盛んに行われている問題を指摘している。（『ヒトと生き物 ひとつながりのいのち　旭山動物園からのメッセージ』、2014年、道友社刊）

＊11
野良猫を捕獲し、パイプカット（精管切除）や子宮摘出で生殖機能をなくした後に、地域に戻すという方法（TVHR）。去勢・避妊手術（睾丸切除や卵巣摘出。生殖機能も性ホルモン分泌機能も失う）後に地域に戻す従来の方法（TNR）とは異なり、生殖機能は失うが性ホルモン分泌機能が残るので、オスやメスとしての本能や社会性が残るという。

勝田　ペットを飼いたい人は、飼う前に、**まず動物の習性を知って、自分に飼えるかどうかを考えてもらいたい**ですね。

犬はなわばりを見回る習性があるから散歩をしなくちゃいけないことや、猫は肉を食べるのが習性だということなどを、勉強して知ってほしい。「小型犬だから、家の中を歩き回っていれば散歩しなくても大丈夫」などと誤解している人がいますが、犬の習性からはあり得ませんし、うちのシェルターで子猫の離乳食に肉をあげて「え〜」とびっくりされることがありますが、それも知識不足や先入観による誤解です。

坂東　肉食動物のおなかを、植物性の食べ物ばかりで満たそうとするのは問題ですね。生き物として弱くなってしまうと思います。そして**その動物の種の習性に加えて、1匹ずつの個性もちゃんと見ることが肝心**です。「よそではそうでも、この子の場合はこうなんだよね」ということを考えず、マニュアル化や思考停止をしてしまってはいけない。人間と同じですよ。「○歳以上は一律でシニア向けフードじゃなくちゃ」なんていうのはおかしいでしょ。

生き物を飼うという行為は、病院の入院患者みたいにすべてを管理しようとすることではないはずです。個人的に思うのですが、人間の食べているものを、飼い猫があまりにじーっと見てくるなら、たとえ寿命が少しだけ縮まるかもしれないとしても、ほんのちょっとだけあげてもいいんじゃないかな？　生き物と暮らすなら、大らかに楽しく、ワクワクしながら暮らしていきたい。**生き物同士として、もっと血が通った付き合いが大事だと思います。**

ペットの看取《みと》りも、家でちゃんとやる、

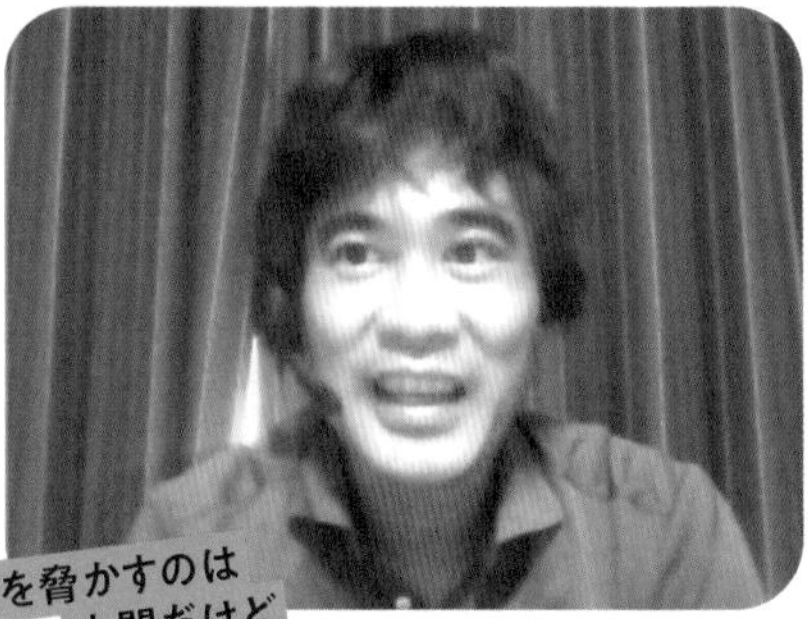

自然を脅かすのは
人間だけど
守るのも人間です

最期を一緒に迎えてあげるのが、大切なんじゃないでしょうか。**都合のいいところだけを見るのではなく、死をふくめ、いのちのすべてを見守る。**ペットを飼っている家で育つ子供にも、いのちと一緒にいるってそういうことだと伝えたいですよね。

動物と一緒になら
大らかに楽しく
暮らしたいよね

「ペット問題」ではなく、人間の側の問題

勝田　私たちの活動は、「どうしてこんなに多くの野良猫が殺処分されなければいけないのか」という憤りや「1匹でも多くの猫を保護しなくちゃ」という思いからスタートしていますが、最近は「猫がかわいそう」というより「人間がヤバい」という感覚に襲われています。北海道でも数十匹から100匹以上の猫の多頭飼育崩壊がひんぱんに起きて私たちもレスキューに行っていますが、現場を見てみると、飼い主自身が福祉の介入を必要とするようなセルフ・ネグレクトに陥っていることがほとんどです。**多頭飼育崩壊は一見、動物の問題のように見えますが、人間の問題が顕在化するきっかけにすぎない**んですよ。

先日レスキューに行った北海道美唄市の多頭飼育崩壊の現場でも、ゴミ屋敷に分け入って部屋の天井まで積み上がったゴミをどかしていくと、その下に猫を閉じ込めたケージがたくさんあって……。狭いケージに、猫が1匹ずつどころか何匹も閉じ込められていて、そういったケージが数十個。もう理解不能です。そういう事態が多くて、

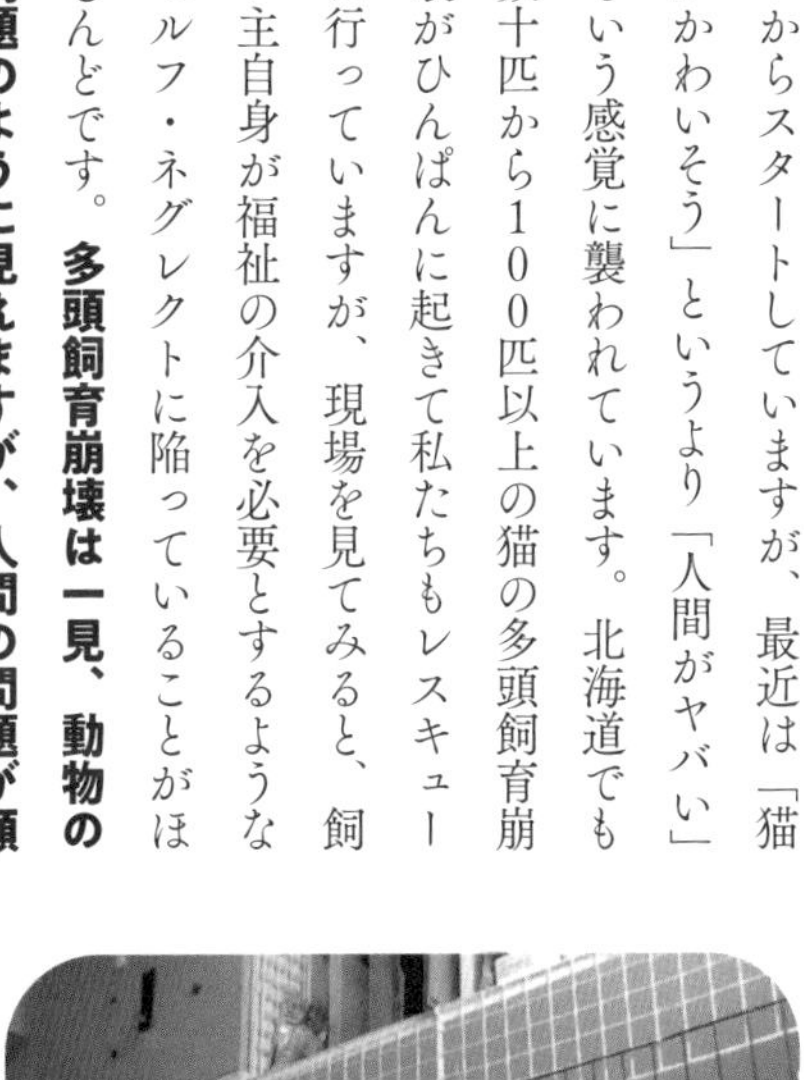

動物の習性を学んで
自分に飼えるかどうか
よく考えてほしいです

人間がおかしくなってきているのかなと、思ってしまいます。

坂東 動物は変わっていない一方で、人間の動物に対する見方や接し方は変わってきているように感じます。**人間がどんどんいびつな生き物になっていて、自分の存在理由や優位性を示すために他の生き物を飼う、**というような＊12。動物の飼い方にたくましさがなくなっているような気がしますね。

　地域猫も、猫を介した人間同士の問題というところがありますよね。車の上に猫が乗って「傷を付けた」とクレームになるとか、**人間の許容量がどんどん小さくなっている。もっと大らかさを取り戻したほうがいい。**

竹中 環境省も、対象とするのは自然環境ですが、仕事としてアプローチしていくのはその地域の住民や観光客といった「人間」で、結局は地域問題を扱っているのだと思います。自然を脅かすのも守るのも人間なので、相手の人にどう理解や納得をしてもらうか、そういうことが大事なんだなと実感します。

　環境省は規模も小さいし職員も少なく、対象地域にポンと1人で入るような感じなんです。何をするにも自分たちだけではできないことをひしひしと感じるので(笑)、自分たちのミッションを実現するために、一緒に取り組んでいける仲間を探して増やしていくことが欠かせないんですね。地元の市町村や地域団体と連携するとか、「天売猫」活動でのニャン友さんとの連携のように、地域のつながりとは別の切り口で仲間を増やすとか。勝田さんは本当に熱い想いを持たれていてパワーがあるので、一緒に取り組めて心強かったです。

勝田 私たちも、竹中さんや坂東さん、他の組織・団体の方たちと一緒に活動するこ

＊12 坂東さんは前述の著書で、「動物まで、人間が自分の欲望を満たすための消費の対象となってしまった」と、ペットの飼い方や販売方法を批判。「もはや生き物、命としての扱いではない。流行の商品としての扱いに思える。僕にはイヌの売り方も気にくわない。社会性を学習する大切な子犬の時期に、一頭ずつ隔離をしてケージに値札を付け、バーゲン中なんて書いてあるのを見ると、いたたまれなくなる」。

とで、異なるものの見方やとらえ方に触れて自分たちの偏りにも気付き、枠を超えた連携や協働ができるようになれたのかな……と思います。ありがとうございました。

それにしても、お2人とは「天売猫」以降、あちこちでずっと交流させてもらっていますが、久々にじっくりと語り合えてうれしかったです。そして改めて、お2人の生き物や環境に対する考察、想い、使命感、関わり方はすごいな……と感じ入りました。

私たち人間を含む生き物を取り巻く環境が変化しつづける一方で、生き物に関心を持つ人や、関わりを持とうとする人も増えていると感じます。

本日の座談会が問題提起となり、またこの本も、猫をふくむ動物全般について、それまでとはちがう見方や考え方を知るきっかけになれば……と願っています。

（座談会：オンラインにて開催）

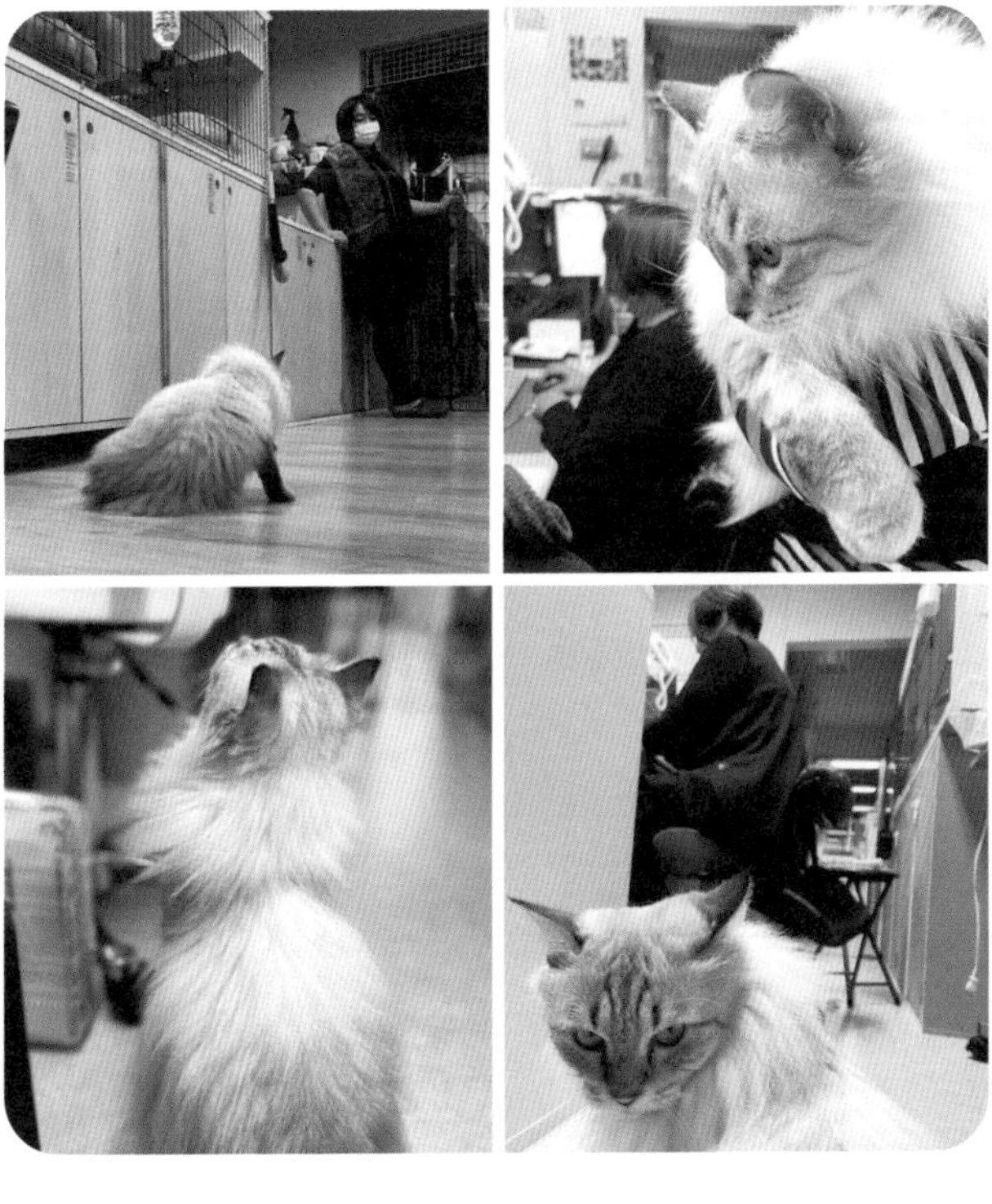

ニャン友事務局での勝田代表とすばる。いつもお互いの存在を身近に感じながら、それぞれの仕事をしている

Information - 1

気がかりな野良猫(?)を見かけたら、どうする?

1 保護したい猫がいる場合

「自分で猫を保護して自宅でお世話し、里親さんを見つけたい」という方は、ぜひニャン友やお住まいの地域の保護猫団体にご相談ください。ニャン友では捕獲機の貸し出しと使い方のレクチャー、保護後の飼育、譲渡などへのアドバイスを行っています。

ニャン友にご依頼の場合は、依頼者の方にもレスキューや譲渡活動へのご協力（保護した猫を飼育する預かりボランティアや、シェルターのお掃除・給餌ボランティア活動へのご参加、フード代や医療費のご負担、など）をお願いしています。

2 保護の前に確認すること

屋外にいる猫は、「飼い猫」「迷い猫」「地域猫」「野良猫」などの可能性があります。

放し飼いにされている「飼い猫」(ニャン友は「飼い猫は決して屋外に出さないこと」を推奨しています)、脱走して家に帰れなくなっている猫(迷い猫)、地域で飼われている「地域猫」、お世話をする特定の人がいない「野良猫」です。

屋外で猫を見かけたら、飼い主のいる猫かどうかを確認するために、最寄りの動物愛護センターか警察に、特徴の似た猫の迷子届（遺失届）が出されていないかを問い合わせましょう。また、猫を見かけた地域の家の郵便受けに、情報提供を求めるチラシ(猫の特徴を記載)を投函するなどして、本当に保護が必要な猫かどうか判断しましょう。

以下の項目にあてはまる場合は、猫の生命が危険な状況なので、緊急保護の対象といえます。
- **ケガをしている、弱っているなど、元気そうに見えない**
- **幼い子猫で、自力で生きることが難しい**
- **虐待されている、または近隣で虐待の被害が報告されている**
- **周辺の交通量が多く、自動車事故に遭う危険性が高い**
- **カラス(子猫の天敵)などの肉食の動物が周辺にいる**

★「保護活動マニュアル」 猫の保護から譲渡までのノウハウ集★

猫の保護についての詳しい情報は、以下のwebサイトで読むことができます。

https://www.animaldonation.org/manual/ （公益社団法人アニマル・ドネーション）

3 保護に必要な準備

●「収容場所」の確保

保護した猫をお世話する場所を確保しましょう。自分の家でお世話ができるなら、ケージやキャリーバッグ、猫トイレなどを用意しておきます。自分の家ではお世話できないという場合は、事前に地域の保護団体に問い合わせ、シェルターの空き状況や、預かりボランティア宅での受け入れが可能かどうかを確認してみましょう。

●受診・医療チェックの準備

猫を保護したら動物病院を受診し医療チェックを行うことになるため、猫を連れていける近隣の動物病院の場所や、その病院で保護猫（野良猫）を診療してもらえるかどうかなどを、事前に確認しておきましょう。保護猫を診療してくれる病院が近隣にあるかなどの情報を、愛護団体に問い合わせるのもよいと思います。

また、保護した猫が健康でもワクチン接種や駆虫などに医療費がかかりますし、健康状態が悪い場合は、一刻も早い治療が必要になります。ワクチンなどの費用は、事前に病院に問い合わせておくのもいいでしょう。

4 保護する際の注意点

●大人の猫の場合

一度も人に飼われたことのない猫は警戒心が強く、呼び寄せて保護することは困難なので、捕獲器を使います。捕獲器は猫にとって非常に怖いものなので、一度でも捕獲機での捕獲に失敗すると、猫はその後は捕獲機に近寄らなくなります。そのため、事前に使い方の練習をすることも重要です。捕獲機は地域の保護団体から借りることができる場合もあるので問い合わせてみましょう。ニャン友では、捕獲機の貸し出し(消毒費用がかかります)と使い方の指導を行っています。

人によく馴れている猫の場合は、バスタオルなどにくるんで、キャリーバッグに入れて保護しましょう。キャリーバッグに入れた後、捕まえられたことにパニックを起こし、キャリーバッグの中で暴れまわったり、キャリーバッグを出た瞬間に脱走したりする可能性があります。バスタオルにくるんだ猫は洗濯ネットに入れてからキャリーバッグに入れる、またはキャリーバッグごと特大の洗濯ネットに入れるなどして、脱走しないようにしてください。

※人馴れしている猫は、「迷い猫」の可能性があります。保健所、自治体の動物愛護センターや動物保護センター、交番・警察署（猫の拾得物届を出す）に、猫がいた場所や猫の特徴を伝えて、探している飼い主がいないかどうかを問い合わせましょう。

●離乳前の子猫の場合

まだ母猫のお乳を飲んでいるような小さな子猫（目が開いていない）の場合は、保護したら直ちにタオルでくるんだ湯たんぽや温かいペットボトル、カイロなどで子猫の体を温めながら、速やかに動物病院を受診しましょう。子猫は自力で体温調節することができず、体が冷えるとすぐに弱ってしまうため、保温には最大限に注意しましょう。

Information - 2

ニャン友へのご参加・ご支援を検討くださる方へ

ニャン友は一緒に活動してくれる仲間や、
活動へのご支援をお待ちしています!

ボランティア活動に参加する

(まずはメールや電話にてお問い合わせください)

- シェルターボランティア(シェルター内の給餌、食器洗い、お掃除、猫たちのお世話)
- 預かりボラ(自宅で猫を預かって飼育する。乳飲み子猫、大人猫などいろいろ)
- 搬送ボラ(自家用車で猫や物資を運送する)
- ものづくりボラ(チャリティバザー用のハンドメイド品の制作)

イベントへのご来場

(譲渡会やチャリティバザーなど)

ニャン友は譲渡会やチャリティバザーなどのイベントをひんぱんに開催しています。保護猫の家族になってくださる方や、バザーでお買い物してくださる方を、イベント会場でお待ちしています。
(イベントの情報は、ニャン友のHPやSNSで発信しています)

物資のご寄付

(キャットフード、猫砂、新品・洗濯済みの古タオルなど)

※送り先は、p123の住所宛てにお願いします。
※ニャン友で必要な物資の最新情報は、
ブログやAmazonの「ほしい物リスト」でお知らせしています。
http://amzn.asia/imsMqCx

支援金のご寄付(銀行振込)

全国の皆さまからいただく寄付金は、猫たちの去勢・避妊、ワクチン、駆虫などの医療費や、必要物資の購入費用として活用しています。

お振込先
・ゆうちょ銀行
口座番号:19030-58543481
口座名:トクヒ)ニヤントモネツトワーク
ホツカイドウ

他の金融機関から、ゆうちょ銀行へのお振込の場合
・銀行名:ゆうちょ銀行 (金融機関コード9900)
店名:九〇八店(キユウゼロハチ店)(店番908)
預金種目:普通 口座番号:5854348
名義:トクヒ)ニヤントモネツトワークホツカイドウ

支援金のご寄付（その他）

以下からもご寄付いただけます。詳しい情報はニャン友のHP（P.128）もご覧ください。

●ふるさと納税（札幌市）

https://nyantomo.jp/hurusato-nouzei/

ふるさと納税ポータルサイトの「ふるさとチョイス」と「ふるぽ」から、ニャン友にご寄付いただくことができます（2023年5月現在）。

（※寄付先の地方自治体に「札幌市」、また寄付金の使い道の選択肢を「市民活動の促進（さぽーとほっと基金）」に指定し、「自治体からのアンケート」という項目の、支援先「登録団体の指定」の欄に「NPO法人ニャン友ねっとわーく北海道」と入力してください）

●札幌市さぽーとほっと基金

https://www.city.sapporo.jp/shimin/support/kikin/

札幌のまちづくり活動を支える同基金（ボランティア団体・NPO・町内会などの行うまちづくり活動に、札幌市が寄付を募って助成する制度）を通じて、ニャン友にご寄付いただくことができます。

（※寄付先の「登録団体の指定」欄に、「ニャン友ねっとわーく北海道」と入力してください）

●古本募金ハピぼん

https://hapibon.com/nyantomo

読み終わった古本を寄付（着払いで送付）すると、その買い取り額が動物保護活動に充てられます（ニャン友専用ページがあります）。

●アニドネ

https://www.animaldonation.org/group/35107/

公益社団法人アニマル・ドネーションが運営する「動物専門」の寄付サイト（サイト内にニャン友専用ページがあります）。

支援物資の送り先・お問い合わせ先

〒064-0807　北海道札幌市中央区
南7条西8丁目1-24 LC拾八番館3階
NPO法人ニャン友ねっとわーく北海道
電話　（011）205-0665
HP　https://nyantomo.jp/
※お問い合わせはEメールにてお願いします。
・メールアドレス：neko@nyantomo.jp

●フェリシモ「猫部」

https://www.nekobu.com/merry/

「基金付き猫グッズのお買い物による支援」／「フェリシモわんにゃん基金」などにより、「お買い物で楽しく猫助け」していただけます（ニャン友は基金の拠出先のひとつです）。

＊ご支援へのお礼　ニャン友ねっとわーく北海道は、ご支援へのお礼を、以下のような形でお伝えしています。
●通販サイトなどで物資をご購入のうえ、直接ニャン友に届くように配送をご手配いただいた場合は、その物資の画像とお礼のメッセージを、ニャン友公式ブログ（P.128）に定期的に掲載しています。※個人情報保護の観点から、ご支援くださった方のお名前（ニックネームやアカウント名をふくむ）は掲載していません。

あとがき

この本では、ニャン友にいるすばるや他の猫たちの物語とともに、いろいろな「ネコの問題」についてお話ししてきました。捨て猫問題、野良猫問題、多頭飼育崩壊問題、無責任な餌やり問題。

繰り返しになりますが、これらは「猫の」問題ではなく、人間がつくった問題です。その犠牲になるのはいつも、小さな命……。

猫が好きな方や、この本に興味を持って手に取ってくれた方には、2つのメッセージをぜひお伝えしたいです。

最初に**「ペットは自分が責任を取れる範囲で飼おう」「責任を取れなくなりそうなら、最初から、飼わないという選択を」**ということ。

飼い猫は平均15歳前後、長生きなら20歳近くまで生きるものです（近年、これまでシニア猫には避けられなかった腎不全の治療薬で研究開発が進み、猫の寿命が20歳以上に延びる可能性も出てきました）。

自分の状況やライフステージ（就職、結婚、出産、退職、転居など）がどう変化しても、「ペットは家族だから、どんなことがあっても一生一緒に暮らす」と決意できない場合は、最初から飼うことをしないでいただきたいのです。

終生飼育は飼い主の責任です。命あるペットを途中で放棄することは、絶対に許されません。

飼い猫の数も、自分が責任をもってお世話できる数に留めてください。子猫が生まれても育てる予定や譲渡先の当てがないのなら、去勢・避妊をせず無計画に子猫を産ませることはしないでください。「子猫はかわいいし」「誰かもらってくれるだろう」などと深く考えずに子猫を産ませることが、多頭飼育崩壊につながりやすいことは、本書で説明した通りです。

そして次に呼びかけたいのは**「猫をかわいそうと思うだけでなく、一歩踏み出してみませんか？」「猫のために、一緒に何かやってみませんか？」**ということ。

ニャン友に「かわいそうな猫を助けてあげて」と電話をかけてくれる方には、電話で相談・依頼をするだけでおしまいにせず、「自分自身にできることは？」「保護団体にSOSを伝えるだけでなく、その子のためにできることが何かあるのでは？」と、考えていただきたいのです。

保護を必要としている動物を保護団体につなげば、「動物のためにいいことをした」という満足や多少の達成感は得られるでしょう。でも、せっかくいいことをするなら、その先まで踏み出してもらいたいな……と思うのです。一人ひとりの個人ができることもたくさんあります。保護した子に里親さんが見つかるまで、自宅で預かる「預かりボラ（ンティア）」になってもらえたら、とても助かります！　ニャン友では猫用のケージやトイレも貸し出しています。どんなに警戒心の強いシャー猫でも、長くて3か月間、毎日ごはんをあげているうちに人に馴れてくれます。「ごはんをちょうだい」「おやつをちょうだい」「遊んで」「なでて」と、かわいい声や表情で甘えてくれるようになりますよ。

「もう飼い猫が2匹いて、これ以上猫を増やすのは厳しい」などと言われることもよくありますが、それなら数回でもニャン友に「掃除ボラ」「給餌ボラ」に来るなどして、縁のあったその子に愛情を持ってお世話をし、見守ってもらいたい……と思うのです。

「その子が里親さんに出会って本当の幸せをつかむまでを、一緒に見届けようよ」「それまで、何か一緒にできることをやろうよ」。そう呼びかけたいです。

私たちニャン友もみんなでがんばります。初めて猫を保護しようと思ったときの初心を忘れず、ハードルを決して下げずに、1匹1匹のいのちを守っていきます。

そして「どうすれば、飼い主と猫が、ずっと一緒に暮らしつづけられるのか」「自然災害や不慮の事故・病気などの場合も、安心して猫を飼うことのできる環境とは？」など、いまはまだ充分ではない世の中の仕組みや備えについて考えつづけ、行政などに働きかけつづけていきます。

ぜひ今後もニャン友の、そして全国の保護猫団体の活動に、応援や叱咤激励をお願いします。

最後に、いつもお世話になっている方たちへ、お礼を申し上げます。

まず、猫たちとニャン友の活動を支えてくれる方たちに。皆さんの応援が私たちを支えてくれています。やっと譲渡が決まった猫を送り出せたかと思うと、またもや多数の保護猫たちがやってきてシェルターが満員となり、365日、1日の休みもなくつづくネバーエンディングストーリーな活動に「キリがない……」とため息が出るとき。猫たちが身勝手な人間の犠牲になる現実に、心が暗くなったとき。支援物資に添えられた温かい励ましのお手紙や、一生懸命キャット・ラウンジのお掃除をしてくれるボランティアさんの姿に、「あきらめちゃだめだ、がんばろう」と思います。いつも本当にありがとうございます。

また、家族へ。いつも猫のことになると鉄砲玉のように飛び出していく私を見送って、朝早く夜遅い私の代わりに、猫たちに朝夕のごはんをあげてくれる母に。そして、猫たちへの投薬を手伝ってくれる夫に。あなたたち家族がいなければ活動はつづけられません。いつもありがとう。

そして、いまはここにいない、私の大切な猫へ。

20歳まで生きてくれた「みーちゃん」を失ったとき、私はそのことを受け入れられずに泣いてばかりいました。ある日、子猫の鳴き声を耳にした私は、無我夢中で2匹の子猫を保護しました。涙はいつのまにか止まっていて、それがすべての保護活動の始まりでした。

ホルガとライカと名付けたその子たちに始まり、最初は子猫の育て方もわからなかった私が、この17年間で保護・譲渡した子は3000匹を超えました。

みーちゃんを想って私がメソメソすると、必ず子猫や行き倒れている子に遭遇するのは、「泣いているくらいなら、困っている子を連れてくるから助けてあげてよ」とみーちゃんに言われているんだと思っています。だから空を見上げ、唇をかみしめて、またがんばることにします。

いつかまた私のところに戻ってきてね。いつまでも待っているよ。

NPO法人 ニャン

ぼく、すばる。

両脚をなくした保護猫と人間《なかま》たちの「ネコ助け」な毎日

著者　NPO法人ニャン友ねっとわーく北海道 代表 **勝田 珠美**

企画・構成・編集　和田真由子
ブックデザイン・DTP　室田潤・山本哲史（細山田デザイン事務所）
撮影　鳥屋真樹（カバー、表紙、章扉）
　　　ニャン友ねっとわーく北海道の皆さん（本文写真）
校正　渡辺貴之

2023年6月25日　初版発行

発行所　株式会社 二見書房
東京都千代田区神田三崎町2-18-11
電話 (03) 3515-2311[営業]
振替 00170-4-2639

印刷　株式会社 堀内印刷所
製本　株式会社 村上製本所

落丁・乱丁本はお取り替えいたします。定価はカバーに表示してあります。

ISBN978-4-576-22148-9
https://www.futami.co.jp/

ニャン友の最新情報

ホームページ
https://nyantomo.jp/

ブログ
https://nyantomo55.blog.fc2.com/

Facebook (
https://www.f
nyantomon

Instagram
●ニャン友
https://www.instagram.com/nyantomo_network/

●
su

友ねっとわーく北海道
代表　勝田珠美